创 意 服 装 设 计 系 列

李 正 丛书主编

珠宝首饰设计及案例

涂雨潇 李璐如 周珣 编著

化学工业出版社
·北京·

内容简介

本书以珠宝首饰设计理论为基础，通过大量的案例诠释设计的特点和设计原则。全书共分七章，分别论述了珠宝首饰设计概述、珠宝首饰的起源与发展、珠宝首饰的设计原理、珠宝首饰材料及设计案例、珠宝首饰与服装搭配、珠宝首饰设计的程序、珠宝首饰设计的市场营销分析。

本书内容循序渐进、深入浅出，案例精彩，不仅适合珠宝首饰设计师、初学者使用，还可以作为高等院校珠宝首饰设计、服装设计、艺术设计等专业的教材，以及珠宝首饰设计培训机构的教材，也非常适合喜爱珠宝首饰设计的读者参考使用。

图书在版编目（CIP）数据

珠宝首饰设计及案例 / 涂雨潇，李璐如，周珣编著．北京：化学工业出版社，2024. 10. --（创意服装设计系列 / 李正主编）. -- ISBN 978-7-122-46186-5

Ⅰ. TS934.3

中国国家版本馆 CIP 数据核字第 2024NK8501 号

责任编辑：徐　娟　　装帧设计：中图智业
责任校对：李雨函　　封面设计：刘丽华

出版发行：化学工业出版社（北京市东城区青年湖南街 13 号　邮政编码 100011）
印　　装：北京瑞禾彩色印刷有限公司
787mm×1092mm　1/16　印张 10½　字数 226 千字　2025 年 1 月北京第 1 版第 1 次印刷

购书咨询：010-64518888　　售后服务：010-64518899
网　　址：http://www.cip.com.cn
凡购买本书，如有缺损质量问题，本社销售中心负责调换。

定　　价：68.00 元

服装的意义

“衣、食、住、行”是人类赖以生存的基础，仅从这个方面来讲，我们就可以看出服装的作用和服装的意义不仅表现在精神方面，其在物质方面的表现更是一种客观存在。

服装是基于人类生活的需要应运而生的产物。服装现象因受自然环境及社会环境要素的影响，其所具有的功能及需要的情况也各有不同。一般来说，服装是指穿着在人体身上的衣物及服饰品，从专业的角度来讲，服装真正的含义是指衣物及服饰品与穿用者本身之间所共同融汇综合而成的一种仪态或外观效果。所以服装的美与穿着者本身的体型、肤色、年龄、气质、个性、职业及服饰品的特性等是有着密切联系的。

服装是人类文化的表现，服装是一种文化。世界上不同的民族，由于其地理环境、风俗习惯、政治制度、审美观念、宗教信仰、历史原因等的不同，各有风格和特点，表现出多元的文化现象。服装文化也是人类文化宝库中一项重要组成内容。

随着时代的发展和市场的激烈竞争，以及服装流行趋势的迅速变化，国内外服装设计人员为了适应形势，在极力研究和追求时装化的同时，还选用新材料、倡导流行色、设计新款式、采用新工艺等，使服装不断推陈出新，更加新颖别致，以满足人们美化生活之需要。这说明无论是服装生产者还是服装消费者，都在践行服装既是生活实用品，又是生活美的装饰品。

服装还是人们文化生活中的艺术品。随着人们物质生活水平的不断提高，人们的文化生活也日益活跃。在文化活动领域内是不能缺少服装的，通过服装创造出的各种艺术形象可以增强文化活动的光彩。比如在戏剧、话剧、音乐、舞蹈、杂技、曲艺等文艺演出活动中，演员们都应该穿着特别设计的服装来表演，这样能够加强艺术表演者的形象美，以增强艺术表演的感染力，提高观众的欣赏乐趣。如果文化活动没有优美的服装作陪衬，就会减弱艺术形象的魅力而使人感到无味。

服装生产不仅要有一定的物质条件，还要有一定的精神条件。例如服装的造型设计、结构制图和工艺制作方法，以及国内外服装流行趋势和市场动态变化，包括人们的消费心理等，这些都需要认真研究。因此，我们要真正地理解服装的价值：服装既是物质文明与精神文明的结晶，也是一个国家或地区物质文明和精神文明发展的反映和象征。

本人对于服装、服装设计以及服装学科教学一直都有诸多的思考，为了更好地提升服装学科的教学品质，我们苏州大学艺术学院一直与各兄弟院校和服装专业机构有着学术上的沟通，在此感谢苏州大学艺术学院领导的大力支持，同时也要感谢化学工业出版社的鼎力支持。本系列书的目录与核心观点内容主要由本人撰写或修正。

本系列书共有 7 本，参加的作者达 25 位，他们大多是我国高校服装设计专业的教师，有着丰富的高校教学和出版经验，他们分别是杨妍、余巧玲、王小萌、李潇鹏、吴艳、王胜伟、刘婷婷、岳满、涂雨潇、胡晓、李璐如、叶青、李慧慧、卫来、莫洁诗、翟嘉艺、卞泽天、蒋晓敏、周珣、孙路苹、夏如玥、曲艺彬、陈佳欣、宋柳叶、王伊千。

李正

2024 年 3 月

前　言

珠宝首饰设计作为一种独特的艺术语言载体，不仅形成了自己独特的美学面貌，还不断推动大众审美品位的提升，促使珠宝首饰作品的造型也越发富有个性与美感。在当今大力提倡设计创新和学科交叉融合的背景下，对于现代珠宝首饰设计来说，时尚性、原创性至关重要。作为一名珠宝首饰设计师，除了要具有一定的艺术品位、艺术修养、独到的创造性和丰富的想象力外，还要必须关注珠宝首饰设计背后的文化因素，要通过对时尚文化的理解来把握时尚趋势的脉搏，这样才有可能主动地引导时尚，引导消费。

在现代珠宝首饰设计课程的教学研究过程中，珠宝首饰在一定程度上超出了装饰美化的范畴，更需要传达出人们的价值取向和珠宝首饰设计的内在意韵。本书强调在珠宝首饰设计过程中应深入体验和学习人文思想，提倡在培养创新意识的同时，希望学生在设计和制作珠宝首饰时能更深入地思考人的内在精神。本书编写遵循“理论前导、工艺结合、学以致用”为原则，多方面系统地论述了珠宝首饰设计的概述、起源与发展、设计原理、材料类型及案例、珠宝首饰设计与服饰的搭配、珠宝首饰设计的程序以及珠宝首饰设计的市场营销分析等内容。本书提供了众多的品牌实例和高质量的珠宝首饰设计图，旨在帮助读者掌握珠宝首饰设计所需的知识体系和设计流程，以及与珠宝首饰设计相关的理论知识。

本书由涂雨潇、李璐如、周珣编著。在本书编著和出版过程中得到了苏州大学艺术学院、苏州大学纺织与服装工程学院领导及老师的大力支持，在此表示感谢。在编著过程中我们查阅了大量国内相关专业资料，并引用一些有价值的论点和实例材料，在此对相关学者致以诚挚的谢意。最后特别感谢苏州高等职业技术学校的杨妍老师、湖南师范大学的张漫琪同学对本书的支持与帮助。本人自知本书还有许多内容尚可优化，即便如此，也非常希望通过不懈努力，为中国珠宝首饰设计的发展尽一份绵薄之力。书中难免有遗漏及不足之处，敬请各位专家、读者指正。

涂雨潇

2024 年 2 月

目 录

第一章 珠宝首饰设计概述 / 001

第二章 珠宝首饰的起源与发展 / 018

第三章 珠宝首饰的设计原理 / 039

第一章
珠宝首饰设计概述

珠宝首饰的出现可以追溯到史前远古时代，虽然那时生产力水平低下，生产工具极其落后，却已经出现了最初的首饰形式。其制作材料先取材于海里的生物，如贝壳等，后又取材于陆地动物的骨、牙等，继而发展成石料，如石珠。俄国马克思主义理论家普列汉诺夫在《论艺术》一书中说："这些东西最初只是作为勇敢、灵巧和有力的标记而佩戴的，只是到了后来，开始引起审美的感觉，归入装饰品的范围。"在商品社会的今天，珠宝首饰的阶级性逐渐消失，审美功能成为主导，形式也自由多变，珠宝首饰这时才真正走向大众。随着现代珠宝首饰的价值开始脱离自身的材料价值而转向艺术价值，其设计价值所占的比重越来越大，从而在现代人的观念中，珠宝首饰已经不仅仅作为配饰，其特有的存在形式使它完全有条件成为一种独立的艺术门类，人们开始重视珠宝首饰所承载和传达的信息，珠宝首饰也成为人们表达思想和情感的媒介。

第一节　珠宝首饰设计基础知识

在古代"首饰"一词主要指头部的饰物，如《汉书》中有"珠珥在耳，首饰犹存"之句，其中的"首饰"二字指的就是头上的饰物。后来首饰的含义不断扩展，成为范围极广的概念，戒指、手镯、腰饰等佩戴在人体上的装饰物，统称为首饰。

一、珠宝首饰的概念

珠宝首饰是装饰人体的工艺品。狭义的珠宝首饰，主要是指以个人装饰为主要目的，随身佩戴的饰品。广义而言，珠宝首饰是用于个人装饰及相关环境物品装饰的饰品，如戒指、耳环、手镯、手表、眼镜、皮带扣等物品。在几千年的历史进程中，珠宝首饰的用途并非一成不变。最初，人类为获取猎物，常将兽皮披挂在身上，将犄角戴在头上，装扮成猎物的同类以迷惑对方。也有先人出于记事需要，在脖子上佩挂小砾石或者小动物的骨头及兽齿。随着人类的进步和文化的嬗变，珠宝首饰的价值经历了政治身价、道德赋予、经济价值、礼仪功能、宗教用器等一系列功能的转变。现如今，珠宝首饰最主要的用途是装饰和玩赏。

1. 传统珠宝首饰与现代珠宝首饰

从珠宝首饰发展的历史角度，珠宝首饰分为传统珠宝首饰和现代珠宝首饰。传统珠宝首饰，如古董珠宝首饰（图 1-1）和复古珠宝首饰（图 1-2），是指历史发展中，在设计风格上有特点，或被某些与有纪念意义的事件相关联的特殊人物佩戴过，或有着其他意义以及有收藏价值的珠宝首饰。从设计风格上来看，现代珠宝首饰设计师将新设计出的传统风格珠宝首饰称为“现代珠宝首饰”（图 1-3）。

图 1-1　古董珠宝首饰

图 1-2　复古珠宝首饰

图 1-3　现代珠宝首饰

现代珠宝首饰可被理解为由现代人设计的、在风格上更符合现代人审美趣味的珠宝首饰。从创作内容来看，各种自然形态、抽象形态都能够展示出现代珠宝首饰的风采。现代珠宝首饰的设计新颖别致，制作工艺繁复精良，在设计风格上，强调以创意新颖取胜，追求构思独特和造型完美，运用常见的高档材料和巧妙的构思来达到新的意境和特殊的效果。同时，现代珠宝首饰设计师也注重古典设计，使传统首饰中美的意境重新焕发出时代的光彩。另外，现代珠宝首饰融合各民族优秀的传统精华及民族特色，相互启发、相互借鉴，使珠宝首饰立足于民族文化的基础上，更具有时代风格。

2. 概念珠宝首饰、艺术珠宝首饰与商业珠宝首饰

从创作目的、生产目的以及功能性方面出发，可以将珠宝首饰区分为概念珠宝首饰、艺术珠宝首饰与商业珠宝首饰。在现代珠宝首饰的设计和创作中，概念珠宝首饰的创作以表达艺术家个人的艺术理念为最主要的目的（图 1-4）。珠宝首饰成为一种载体形式，其功能性和实用性往

往退居其次。这时往往用“创作”(create)而不是“设计”(design)来表述这一类“作品”(art piece)，而不是“产品”(product)。这类创作群体被称为“珠宝首饰艺术家”(jewelry artist)，而不是“珠宝首饰设计师”(jewelry designer)。概念珠宝首饰的创作基本上是珠宝首饰艺术家自行设计和制作，材料工艺非常多样化。

图 1-4　概念珠宝首饰

艺术珠宝首饰根据人们的心理、喜好和个性需求，使设计向中低档首饰、仿真首饰的方向发展（图 1-5）。以高档首饰的材料、造型为参照，用人工制造的原材料加工成仿珊瑚、仿宝石、仿珍珠等饰品材料，外观效果逼真，造型丰富，款式众多。在设计上，仍注重精美的造型和外观效果，工艺制作上细致讲究、精益求精。由于这种首饰款式丰富、美观大方且新潮亮丽，价格比高档首饰便宜得多，因此，备受人们的喜爱。

图 1-5　艺术珠宝首饰

大多数艺术珠宝首饰的制作都有自己的品牌，设计师是工作室或品牌的灵魂人物，珠宝首饰在小型工作室里由设计师和技师制作完成，有时人们也称之为工作室珠宝首饰。工作室珠宝首饰是指那些由艺术家或设计师设计、由个人或小型集体工作室或工厂制作的、小批量的、有独特设计风格的、能满足市场上部分消费群体需求的首饰。由于艺术珠宝首饰作品通常在工作室而不是在工厂里被制作出来，有很强的原创性以及手工性，大部分作品都是孤品（one-of-a-kind jewelry），不适合大批量生产。因此，这类珠宝首饰通常也被称为个性化珠宝首饰。当然，工作室珠宝首饰有时也包括一些小批量的、具有原创风格的首饰“产品”，这种情况下，艺术家一般兼为设计师，自行设计并制作珠宝首饰，或聘用个别技师（technician）进行部分产品的加工制作（图 1-6）。它们在市场上有相对稳定的消费群体，通过画廊销售或参加各种比较成熟的手工艺术展览会、艺术节或首饰博览会销售。通常这种首饰设计原创性强，能够比较灵活地满足消费者对个性化饰品的心理需求。这些消费者在生活品质上有较高要求，有一定艺术欣赏能力及经济能力。当然，个性化珠宝首饰也可以指那些根据顾客要求特别设计及定制的首饰。目前，国内个性化首饰的消费正在逐步升温，在不久的未来，随着我

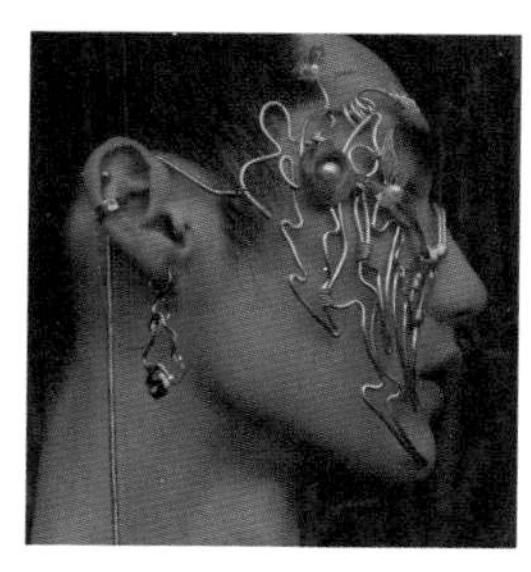
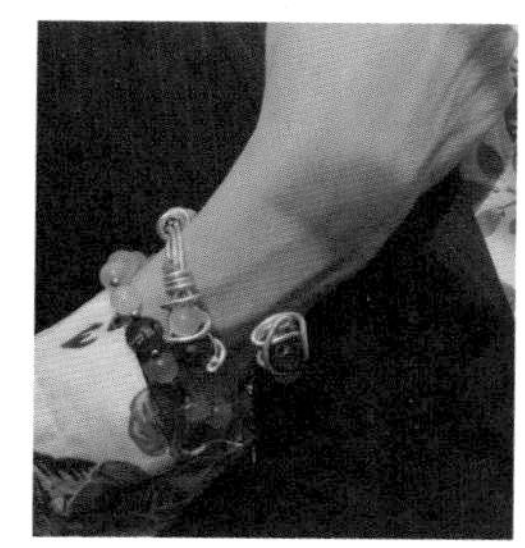
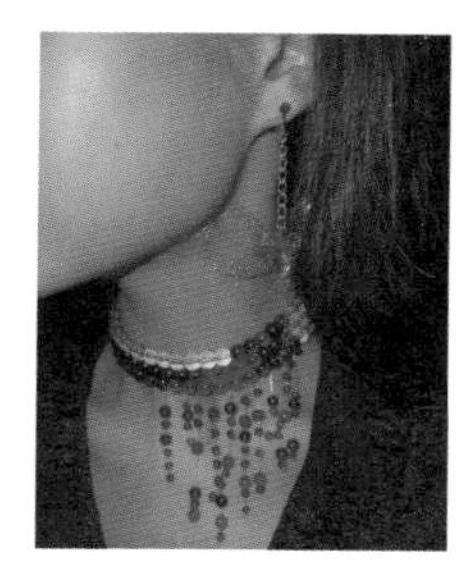

图 1-6　个性化珠宝首饰（设计师：张辰宇、段浩）

国消费者经济能力的加强、审美能力的提高，个性化珠宝首饰的制作和消费有望占整个珠宝首饰消费非常大的比例，甚至可能成为主流消费群体的首选。这将对产业结构调整带来挑战，整个珠宝首饰行业将更快地从“加工型”向“创意型”转变，设计师的地位将有较大提高，对设计师的创新设计能力的要求也会相应提高。

概念珠宝首饰和艺术珠宝首饰主要不是为市场或商业销售而制作的，因此，与此类珠宝首饰相比，通常被称为商业珠宝首饰的产品，是指那些由工厂的设计师设计、由制版师制出母版、再交由不同车间通过不同工序制作、为满足市场需求而大批量生产的产品。目前，我国的商业珠宝首饰厂家大多数都是来样加工型的产业模式，仅有部分新款珠宝首饰由设计师稍加修改后再进入市场。当然，假如艺术珠宝首饰通过画廊或展览会进入商业流通环节，也可以称其为商业珠宝首饰，不过在概念上人们已经比较习惯将批量生产的首饰作为商业珠宝首饰（图 1-7）。

图 1-7　商业珠宝首饰

3. 时装珠宝首饰

时装珠宝首饰更强调向整体配套设计方向发展。无论高档还是中低档，最重要的一点是整体性、配套性。设计时以项链、耳环、戒指、手镯等珠宝首饰形成一组或一个系列，这样能够衬托出服装设计的整体性。当今服装设计师和珠宝首饰设计师联手协作，创作出众多优秀的服装与珠宝首饰作品，都是以其整体性取胜的。珠宝首饰不再是富有阶级的专用奢侈品，老百姓也可以享受美的饰品。因此，我们应该重新定义这类珠宝首饰为时装珠宝首饰、时装首饰或休闲首饰（图 1-8）。

图 1-8　时装珠宝首饰

二、珠宝首饰设计师的必备要素

对珠宝首饰设计师而言，要求其具有一般性绘画能力和专业设计基础，要对客观物象的形态结构进行深入了解和细微观察，具有丰富的想象力，还要熟悉和掌握首饰材料学、工艺学等相关学科的知识，并了解市场需求。珠宝首饰设计不仅需要感性的创造，还要进行理性的分析和归纳。再好的创意，要是没有理论的规范与引导，就会成为空中楼阁；而没有文化内涵的设计，只能流于形式，是肤浅的、经不起时间考验的。因此，珠宝首饰设计师要经过长期的艺术体验和设计训练，才能进入设计阶段。

1. 具有一般性绘画能力和专业设计基础

对于一个珠宝首饰设计师来说，具有一般性绘画能力和专业设计基础是基本要求。一般性绘画能力包括素描、速写、色彩等方面的能力。其具体要求是：把握客观物象形态结构的规律，掌握对物象夸张、变异和抽象的方法；掌握对自然色彩的提炼、概括和归纳的方法，把握色彩本身的结构规律。专业设计基础包括平面构成、立体构成、色彩构成和各种表现技法。平面构成研究的是多个形式单元在二维有序化空间中的组合、排列方式；立体构成探讨的是体积的造型和结构规律；色彩构成则是进行理性化的色彩分析，研究色彩对人的心理和视觉的影响。这些基础技能都是设计师需要掌握的。

2. 对客观物象深入了解和细微观察

罗素说过，“参差多态乃是幸福的本源”。大自然展现的就是这样一幅参差美妙的画卷。大自然是首饰设计的灵感和思想的源泉，珠宝首饰设计要求首饰设计师以特殊的方式观察大自然中的客观物象。对客观物象观察的方式和目的主要有以下四种。

第一种是分析客观物象的内部组织结构，认识其结构规律。比如，从花朵中分解出花蕊、花瓣、花蒂的基本形态，以便于在设计中进行有规律地重组（图 1–9）。

图 1–9 花朵造型珠宝首饰（设计师：彭思宇）

有一款设计是 1967 年打造的黄金及铂金镶嵌钻石、蓝宝石及月光石水母造型的胸针，不仅以月光石与钻石再现水母的独特光泽，黄金触须更可随佩戴者的动作轻盈摇摆，彰显出设计师让·史隆伯杰（Jean Sohlumberger）无可比拟的想象与巧思。2023 蒂芙尼高级珠宝系列 Out of the Blue（幻海秘境）中，Jellyfish 主题的一款胸针便是以此为灵感，在创新与传承的融合中，再现水母的盈盈之姿（图 1–10）。

图 1–10 Jellyfish 主题胸针

第二种是获得形式结构和形式规律的启发。比如，从飞泻的瀑布中，发现有冲击力的流动的形式（图 1-11）；从飘落的羽毛中，寻求柔和轻盈的曲线（图 1-12）；从斑马的纹路中，找寻充满韵律的节奏形式；从滂沱的雨点中，提炼密集有序的概念。

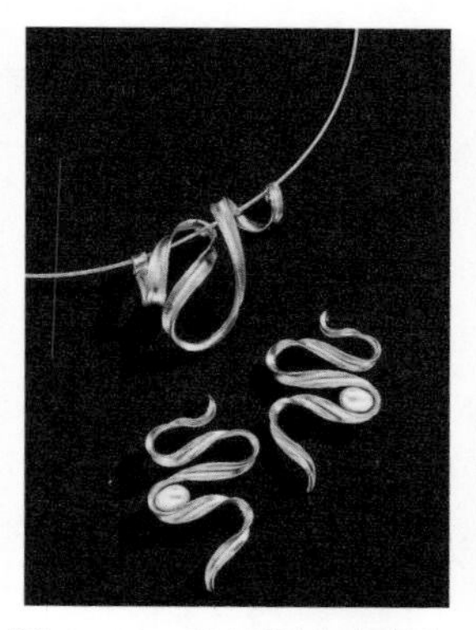

图 1-11　流线型珠宝首饰　　图 1-12　羽毛胸针

第三种是通过非常态的观察视角找寻新颖的视觉效果。所谓“横看成岭侧成峰，远近高低各不同”，人们对某些物象形态的认知往往是由一定的或习惯的视角形成的，如果换一个非常态的角度，例如俯视、仰视、解构、剖视等角度，就可能发现新的视觉形态效果。还有对物象的认知一般是对整体形态概括性的认知，但是这样会忽略一些微观的、局部的、细节的独特形态和美感特征，例如表面肌理与质感，甚至内部组织和结构等。因此，跳出惯有的认知模式，不拘泥于成规，会有意想不到的收获（图 1-13、图 1-14）。

第四种是观察物象兴衰的发展过程，选择某一阶段的状态作为设计的意象。例如按照花朵生长轨迹，由小到大形成兴衰的过程对于不同设计师的触动是不一样的，设计师往往会选择他认为最能打动人的过程加以艺术的加工创造（图 1-15）。

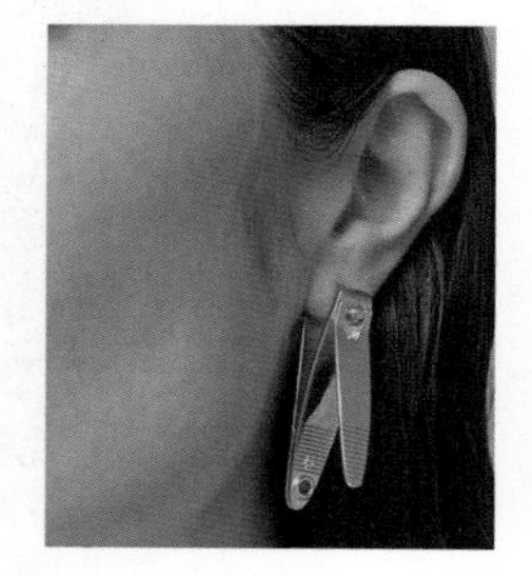

图 1-13　指甲剪——新颖造型珠宝首饰

图 1-14　茶壶——新颖造型珠宝首饰

图 1-15　花朵生长轨迹项链

3. 具有丰富的想象力

想象力是一种思维的升华和创造自然形象的心理能力，是通向理想化的一座桥梁。想象力越丰富，设计思路就越宽广。没有想象便不能唤起对事物的情感，因而也不能产生艺术设计上的美感。珠宝首饰设计只有通过想象，才能使自己的思维超越自然的限定，进入理想化的艺术境地。丰富的想象力来源于对生活的感受，大千世界，形态万千，即便是最平常的日常事物，只要愿意思考，都会引来无穷无尽的联想，把设计师带入无限宽广的世界。珠宝首饰设计师的作品可以看作是现实观察和想象思考的结合（图 1-16）。

图 1-16　想象力珠宝首饰

4. 熟悉和掌握首饰材料学、工艺学

珠宝首饰设计不同于纯艺术创作，不能无限制的发挥想象、挥洒个性，而要受到一定的制作材料和制作工艺条件的限定。因此，珠宝首饰设计切不可闭门独思，一味追求图纸的花哨、俏丽。珠宝首饰设计也绝不仅仅是画出一张“好看”的图稿就可以了。在设计的初始阶段，或许存在多种创意和想法，也或许存在许多工艺不合理的方面，因此，设计稿需要进行多次的细节探讨。除了考虑珠宝首饰的造型特征外，还要充分考虑珠宝首饰的材料性能和制作工艺特点。珠宝首饰设计师需要了解首饰生产设备、工具和材料配方等知识；熟悉浇铸、熔焊、电铸、冲压、镶嵌等加工制作工艺（图 1-17、图 1-18），掌握抛光、电镀、喷砂、腐蚀等表面处理工艺的知识；熟悉常见金属材料和宝石材料的物理化学性质及品质级别；积极关注新工艺、新材料、新设备的发明和创新，并将其尽早地运用到设计中来。

图 1-17　熔焊工艺细节图

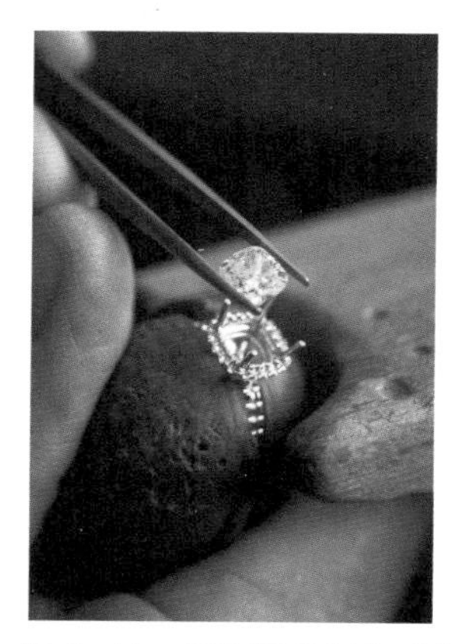

图 1-18　镶嵌工艺制作戒指

5. 了解市场需求

珠宝首饰设计是一种社会性的文化形态。珠宝首饰设计作品，尤其是商业珠宝首饰，不仅包含了设计师个人的审美取向，同时还要考虑市场的需要，要被社会充分接受。珠宝首饰设计师必须了解珠宝首饰的价格估算方法，能够在控制成本的情况下设计出优秀的珠宝首饰作品，要有清晰的市场分析和把握商机的能力，使作品更贴近市场，符合市场需求。从休闲到正式、从粗犷到精细、从普通到高贵，各种生活格调都可以通过珠宝首饰设计来彰显个性。具体来说，就是要考虑珠宝首饰是针对什么人而设计的，他们佩戴这些珠宝首饰的时间、地点、目的分别是什么等。

三、珠宝首饰的流行趋势

按照珠宝首饰的基本属性，珠宝首饰流行趋势可涵盖色彩流行、款式流行、材料流行、种类流行等范畴。

1. 色彩流行

这是指珠宝首饰的色彩符合人们对色彩的要求，珠宝首饰的色彩流行与国际流行色有很大的关系。流行饰品的色彩多以服装流行色为参考，赤、橙、黄、绿、蓝、青、紫、黑、白、灰各色皆有，姹紫嫣红，琳琅满目，可多利用颜色的类似性、对比性和冷暖性而产生较强的装饰效果（图 1-19、图 1-20）。

图 1-19　黄色系珠宝首饰

图 1-20　蓝色系珠宝首饰

2. 款式流行

这是指流行式样趋于某一特点。流行饰品的款式丰富多彩，如时装珠宝首饰大量采用对称的或非对称的、规则的或不规则的、几何形状的或自然而成的各种各样的款式和图案，并随时装的变化而变化（图 1-21）。

图 1-21　几何形状珠宝首饰

3. 材料流行

这是指流行饰品的材料有一定的趋向性。流行饰品所用材料与时装风格相配，具有多样性和随意性，有硬性材料、软性材料，也有软硬适中的中性材料。其中，硬性质地的有珐琅、不锈钢、玻璃、陶瓷、饰石、普通金属等（图 1-22、图 1-23）；软性质地的有毛、皮、绒、布、羽毛、线绳等；介于二者之间的有贝壳、橡胶、竹木、塑料、骨料、漆料、果核等（图 1-24 ~ 图 1-26）。流行饰品所用材料突破了传统的贵金属珠宝首饰与新潮仿真首饰的界限，如时装珠宝首

图 1-22　硬性质地饰品（陶瓷、珐琅、石头）

图 1-23　珐琅质地饰品

图 1-24　贝壳质地饰品

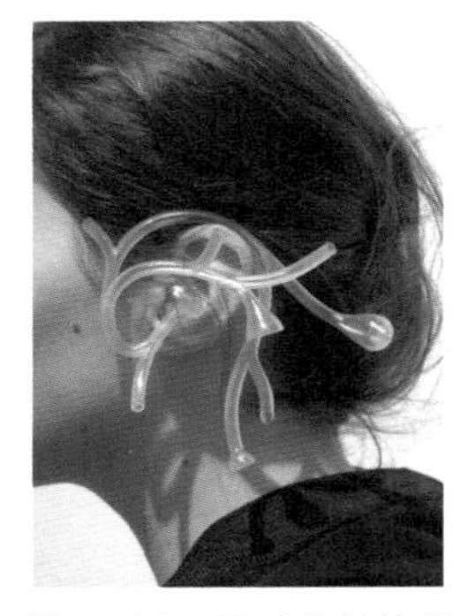

图 1-25　橡胶质地饰品

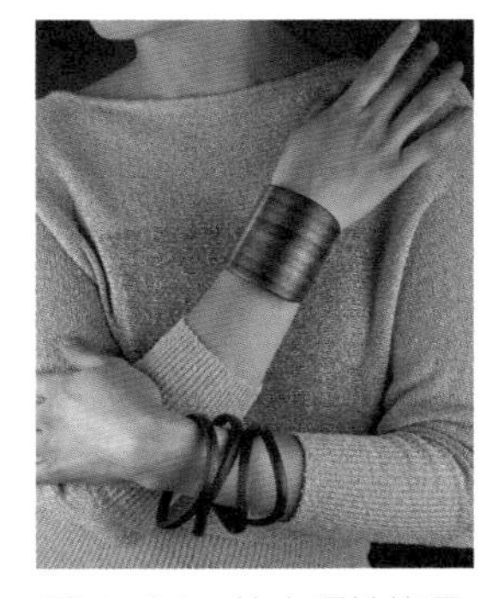

图 1-26　竹木质地饰品

饰的用材一般为一些价格低廉、质地较差的天然金属材料或合金材料及非金属材料。正是由于材料的多样性和饰品的多样性，才更能适应千变万化的时装。

4. 种类流行

这是指人们对某一种珠宝首饰在一段时间内特别有所偏爱，而使这种珠宝首饰在社会上盛行一时。比如，近年来在国际上臂饰非常流行。臂饰是紧箍在上臂处的新兴饰品，风格多以夸张艳丽为主，流露出女性的柔媚和风情。这种珠宝首饰通常与时装珠宝首饰相配合，个体较大，可随人走动而闪烁飘曳的色彩和光泽，令人赏心悦目（图 1-27）。

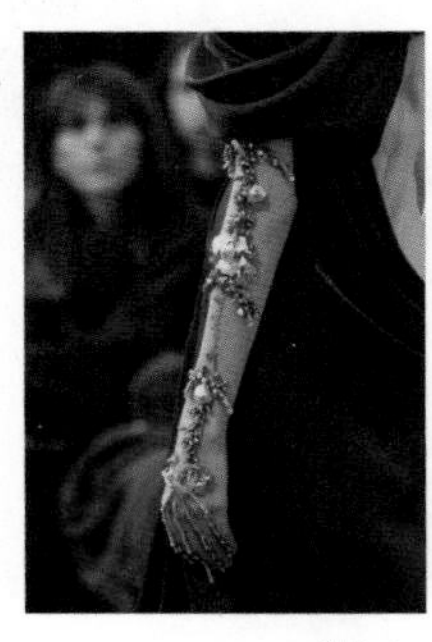
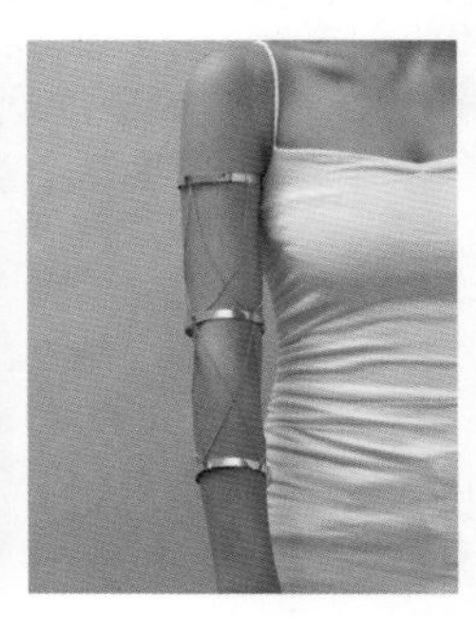

图 1-27　臂饰

第二节　珠宝首饰的功能

珠宝首饰是一种强烈的个人艺术形式，佩戴珠宝首饰可以吸引人的眼球，并对佩戴者起到强化和装饰作用。庆典场合或人生的重要时刻，也为人们佩戴珠宝首饰创造了绝佳机会，并且以首饰为载体将这种情感的精神永久珍藏。古往今来，珠宝首饰都具有一定的功能性，如以下几个功能。

一、审美功能

现代社会的发展导致首饰的外观和内涵都在发生着质的改变，材质也变得多样，比如金属、宝石等各种材料被广泛应用，赋予珠宝首饰更多的创意和个性。同时，珠宝首饰的设计不仅仅局限于传统的装饰功能，越来越多的珠宝首饰开始承载情感、文化和社会价值，成为表达自我身份的重要载体。这一转变促使设计师重新思考审美与功能的关系，推动了珠宝首饰艺术的不断创新和演进。

毋庸置疑，珠宝首饰的装饰功能是自诞生之日起就与生俱来的。从世界范围的考古发现来看，人类对于自身的美化或装饰可能比许多今天我们能够界定为“原始艺术”的审美活动形式还要早得多。西方的考古学家发现距今大约 20 万年前的尼安德特人已经有在身体上佩戴饰品的习俗。在新石器时代早期的墓葬里，在一个少女遗骸的项部发现了用小螺壳制成的项链，在腕部也发现了用牛肋骨制成的骨镯。这些都是原始人审美观念的反映，是装饰的萌芽。人类具有爱美的天性，表现出对生活的信念和热爱。但在古代生产力极低的社会里，这种爱美的表现往往具有宗教的意义，审美的功利性高于艺术性。

随着社会的发展和人们意识形态的变化，现代珠宝首饰逐渐抛弃了以前附加在珠宝首饰上的显示财富和地位的观念，获得了前所未有的自由表现空间，开始追求纯粹的主观意象的空间构形。这种对造型审美意向的表现，成为现代珠宝首饰的第一功能——审美功能。

德国艺术史家格罗塞在《艺术的起源》一书中写道："喜欢装饰，是人类最早也最强烈的欲求。"人们为了美而装饰，用各种材料、各种手段对身体上最能显示美感的部位加以装饰和点缀。除了发型、化妆、服装三大主体之外，佩戴各类饰品是人们最为热衷的事。世界上各个民族都有着各自的传统装饰物和装饰方法。不同的时代，装饰的风格也在发生着变异。对于珠宝首饰的审美，不同的时代背景、文化背景和地域背景，会产生不同的审美标准和审美情趣。如唐朝追求华丽与繁复，明清崇尚自然与清新，西方人追求审美的个性化，东方人倾心于含蓄的美，非洲一些民族则热衷于强烈而浓郁的装饰风格等。

除了时代、文化背景外，服装的流行与变化，珠宝首饰材料与制作工艺的新发展，也在很大程度上影响着人的审美。现代人的审美是多层次和富于变化的，珠宝首饰的装饰风格，由于服装流行周期的缩短而不断向求新求异的方向发展。

二、实用功能

许多人相信，珠宝首饰不仅能装点人们的生活，还能给人体健康带来很多帮助。现在，形形色色的健康首饰正在世界各国掀起热潮，引导时尚。例如内部装有佩戴者的年龄、血型、药物禁忌等信息，当佩戴者在外突然病情发作时为急救医生提供帮助的病历项链；能压迫手腕与大脑呕吐中枢相联系的敏感点，使其降低敏感性，防止晕车、晕船、晕机的弹性橡胶手镯；还有人相信水晶等宝石含有巨大能量，能对人体健康产生良性调节作用，尽管其医用价值在医学上还有待考证，但这一信念能对人的情绪产生积极影响，从而对人体健康是有益的。

珠宝首饰不仅有装饰价值，而且还逐渐人性化。例如，当今化纤服装很多，化纤服装与人体摩擦可产生静电，对人体健康有一定危害，于是日本推出了一种抗静电项链，衣服所产生的静电都可由它"收容"，从而有效保护人体，减轻人们的电击之苦，对高血压也有一定疗效。法国研制出一种能够在急救病人时提供病历的项链，内有一个装着放大镜和缩微胶卷的圆柱体。缩微胶卷上除记载着病人较为详细的病史外，还有血压、血型、用药情况。对于那些患有心血管病的人，佩戴这种项链尤为适宜。一旦发生紧急情况，这种项链就能帮助医生当机立断，迅速采取抢救措施。美国推出一种运动戒指，是可以戴在手指上的超小型电子仪器（图 1-28）。戴上它跑步，其细小的液晶显示器会告诉用户跑步的平均速度、最快速度、距离及时间等数据，且防水、美观，很受用户欢迎。加拿大研制了一种体温戒指，相当于一支体温计，其上嵌有能够感应体温变化的液晶体，它把感应到的人体温度用数字加以显示，一目了然。这种戒指对于运动员、飞行员和水下作业者实用价值很高。国内饰品市场推出的戒指表和 U 盘吊坠也很具有代表性。戒指表既是有装饰功能的饰品，又具有钟表的功能。U 盘吊坠拆开后是两个 U 盘，合并后是一件吊坠，产品兼具信息存储和装饰佩戴的功能（图 1-29）。

图 1-28　运动戒指

图 1-29　U 盘吊坠

三、图腾崇拜功能

远古时代，人类相信自然界中存在超自然的神秘力量，通过披戴羽毛、贝壳或石头等饰物来帮助自己获得某种超自然的能力，表达对美好事物的向往，或者对未知世界或神灵的敬畏等情感，进而延伸至作为部落图腾如鹰、太阳、月亮等的崇拜仪式。珠宝首饰在图腾崇拜、祭天祈福、庆祝丰收等仪式中通过各种表现形式参与社会活动。原始人类通过对身体某些部位的穿孔、涂鸦或佩戴饰物的方法，表达对自然、社会关系等的理解与维护。原始人类还将某些饰物作为护身符等用来吓退猛禽、邪灵或死亡，并期望带来身体的医治等效果。图腾装饰是图腾活动中的一种艺术手段。图腾装饰不仅仅是视觉艺术的表现，它还承载着丰富的文化符号与社会意义。人们会穿戴着图腾动物的皮毛或其他部分，或辫结毛发、装饰身体等。格罗塞说："原始装饰，一半是固定的，一半是活动的。"固定装饰有文身、结发、穿鼻、镶唇、凿齿等。如澳大利亚的一些氏族大都穿通鼻梁，然后插入骨片等，其目的并不是为了美，而是作为一种记号，祈求图腾的保护。非洲一些土著氏族有镶唇的习俗，为的是让嘴唇的形状与图腾动物相似，是一种图腾信仰。不固定装饰主要是指衣物和佩饰，比如，狼氏族成员以完整的狼皮为衣。澳大利亚一些氏族成员在举行仪式时，用彩土、羽毛、树叶等材料装扮成图腾的姿态。在云南洱海附近的白族，古代曾以鱼为图腾，故盛行"鱼尾"头饰，也有的以虎头、虎皮或以狗头冠、鸡头冠作为饰物。在图腾活动中，舞蹈往往是重要的艺术内容，氏族成员穿戴上图腾服饰，或化妆成图腾模样跳舞。图腾崇拜与图腾活动是古代珠宝首饰的主要用途。在现代珠宝首饰中，各种动物、植物的首饰造型，深受人们喜爱，这或许与人类的图腾崇拜有潜在的联系。中国传统挂坠中的龙凤图样也备受人们推崇。

四、象征、寓意功能

当作为订婚戒或结婚戒时，戒指不仅是具有装饰功能的首饰，还代表了两个人的结合，寓意着一种恒久的誓约，是双方的许诺和誓言，是爱情的信物（图 1-30）。另外，还有为纪念某些事件，特别是政治事件、军事事件等设计制作的首饰，具有一定的纪念价值。其中最重要和常见的是纪念戒，它是在金属或金属镶宝玉石戒上镌刻肖像或图像，或用烧蓝工艺制作肖像或图像（图1-31），以纪念某一事件。这种纪念戒在18～19世纪非常流行。除此之外，还有丧葬期间为哀悼亡人而佩戴的哀悼首饰，传达对亡故之人的哀思之情，其中常见的是哀悼戒，也叫丧礼戒。进入19世纪，上层社会已不再佩戴丧礼戒，但在民间仍然流行，所镶材料多为煤精、黑色玻璃等。

图1-30　结婚戒指

图1-31　烧蓝工艺戒指

在中国珠宝首饰的图案造型中，经常使用龙、凤、如意、双喜、寿、福等纹样象征着吉祥、幸福、称心、圆满的美好祝愿（图1-32、图1-33）。这不仅是对历史与传统的沿袭，也是人们真实的心理需求与信念寄托。宝石虽然只是矿物结晶，但在人们的心目中总是与吉祥、幸福等美好的含义联系在一起。比如玉石被认为可以消灾避难，松石有“万事如意、顺利”的含义，琥珀可以镇邪平安（图1-34），钻石寓意为忠实纯洁，红宝石为爱情的象征（图1-35），珍珠可以保佑人健康长寿（图1-36）。近几年来，西方人所信奉的星座与诞生石，也随着东西方文化的交流逐渐地被我国的年轻人所接受。珠宝首饰企业根据一种精神寄托的心理，在推销商品的同时，赋予其美好的象征意义，从而更受消费者的喜爱（图1-37）。

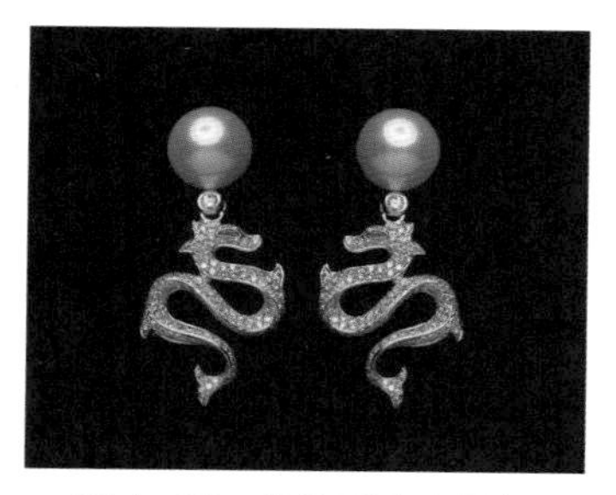

图1-32　龙造型珠宝耳钉

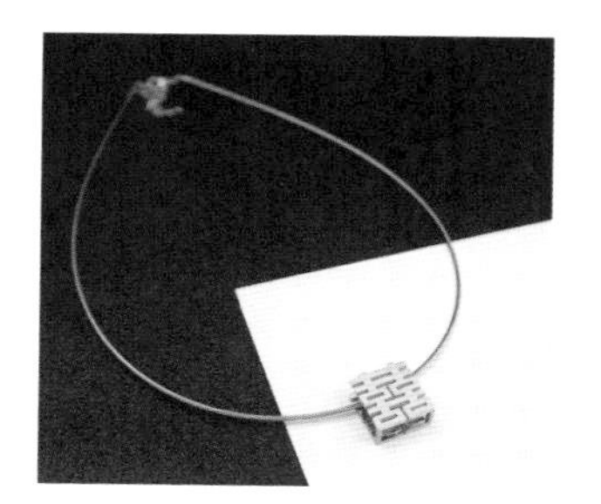

图1-33　双喜造型珠宝项圈

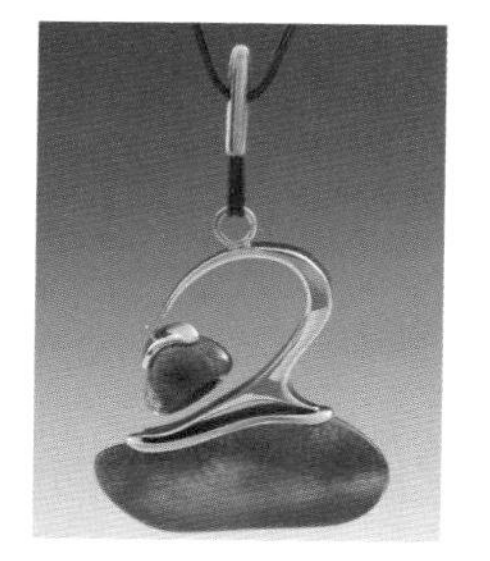

图1-34　琥珀首饰

图1-35　红宝石首饰

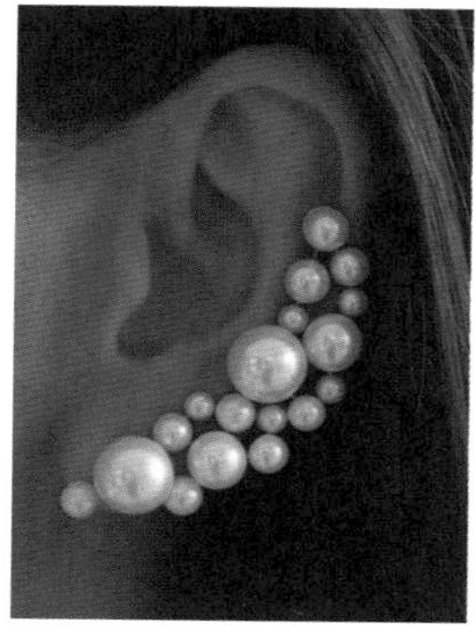

图1-36　珍珠首饰

图1-37　十二星座主题配饰

第三节 珠宝首饰设计的内涵和原则

中国传统工艺历史悠久绚烂，蕴含着丰富的民族文化价值、思想智慧和实践经验，是中华民族宝贵的财富。这些民间传统工艺的背后，凝结着中国人长久以来建立的观念习俗和文化意识。现代珠宝首饰的设计思想将科学方法与艺术理念紧密结合，表现形式以直观图样的方式完整地表达构思，而其最终目的是创造新设计效果。珠宝首饰作为一种独特的装饰品，一直以来都承载着人们对美的追求和对珍贵物质的向往。在设计珠宝首饰时，设计师们不仅仅注重外观的美感，更重要的是传递出一种独特的设计理念。

一、珠宝首饰设计的内涵

珠宝首饰设计是一门融合艺术和工艺的独特领域。它不仅仅是美丽的装饰品，更是艺术家对于生活的表达和思考。在珠宝首饰设计中，有许多不同的理念和风格，但无论是哪种都体现了珠宝首饰设计师独特的创意和审美观。

1. 珠宝首饰设计师的产生

现代工业发展是设计与生产的分工，这促成了珠宝首饰设计师的诞生。他们可以说是一群掌握现代珠宝首饰设计规律并且善于以图样方式表达审美效果的专家。也许他们并不善于图样的实现和工艺的创新。珠宝首饰设计不再是首饰加工业的简单附属工作，而是逐渐成长为珠宝首饰行业中一个独立的重要行业。现代珠宝首饰设计注重独特性和个性化，设计师们开始将艺术和创意融入珠宝首饰设计中。珠宝首饰设计师的工作范围主要有首饰设计、艺术摆件设计、金银纪念品设计，以及所有与金银、宝石相关的产品设计。

2. 创新的发展

在现代生活多样化的模式下，珠宝首饰设计强调去程式化，打破模式束缚。创新是设计的生命力所在，创新打破了传统式样。近年来，现代珠宝首饰设计师不停地探索研究中国传统工艺，并已取得一定成果。设计师和工匠投入情感、智慧，尝试将中国传统工艺应用于现代珠宝首饰设计之中，通过设计、打磨、抛光、雕刻等步骤精工细作，最终完成一件件让人心旷神怡的艺术作品。

更重要的是，越来越多的人意识到中国传统文化和工艺对珠宝首饰设计举足轻重的作用。传统工艺中的珐琅、花丝、素面等愈来愈多地运用在现代珠宝首饰设计中，成为现代珠宝首饰设计的艺术基石。精简利落的几何设计展现简洁的线条和形状，图案亦倾向重复出现，是装饰艺术珠宝的一大标志。珠宝几何设计以三角形、椭圆形和正方形为基本元素，搭配大胆利落的线条和棱角分明的切割，新式机械令珠宝工匠得以将更多创意化为现实。例如梵克雅宝研发出著名的隐秘式镶嵌工艺，将金属框架完全隐藏，令宝石展现出绚烂奇巧的几何形状，图案活灵活现（图 1-38）。

图 1-38　梵克雅宝祖母绿钻石手镯

3. 功用性与艺术性紧密结合

现代生活重新确立了人的主体地位，“为人造物”的宗旨突出了其使用价值以及由此产生的自然美。但人的美感享受、舒适感与珠宝首饰的装饰程度以及价格并不一定成正比。现代珠宝首饰设计的目的不是产品，而是人。首先应该围绕这一主题思想进行设计。无论是人们心理、思想活动所产生的抽象设计，还是模仿动物、植物或者社会产品的实物设计，每一件珠宝首饰作品的设计目的都不能以单一的装饰为主，还要有一定的艺术风格或者一定的功用意义，需要引起佩戴者的情感交融，让冰冷的珠宝首饰富有“生命”，甚至可以和佩戴者进行“交流”。例如宝诗龙（Boucheron）就做了这样的尝试，在其高级珠宝 NATURE TRIOMPHANTE（自然盛典）系列中，永生花珠宝作品展现了凸显生命价值的设计理念。永生花戒指由真正的花朵制作而成，是宝诗龙以及高级珠宝史上的首次尝试。这种大胆的设想由宝诗龙与专业的花艺匠人共同实现：首先，他们先将海葵、紫罗兰、绣球花和牡丹的花蕾扫描出来；然后用金属塑造出真花的造型；最后花蕊部分实施镶嵌枕形和圆形切割黄钻工艺，花瓣部分由自然生长的花朵风干密封制作而成（图 1-39）。

图 1-39　宝诗龙永生花系列的绣球花戒指

二、珠宝首饰设计的美学定位

珠宝首饰设计是一种人造美饰的活动，美学是珠宝首饰设计的基本原则，设计师艺术修养的高低决定了珠宝首饰设计是否美。美是珠宝首饰设计的灵魂，设计艺术不是简单的模仿和照搬，而是创造艺术的体现。珠宝首饰是设计师和工匠们对自然之美和人文情感的演绎和致敬，是人文、工艺和时代的结晶。

自古以来，艺术家、诗人、哲学家都在用自己的方式追求美、赞颂美，随着社会的发展，珠宝首饰的美学理念也在不断地发展。美的形式和内涵都非常丰富，美包括内在美、外在美、实用美、形式美等。珠宝首饰设计将这些美充分表现，要求形式与内容的统一，要求美与用的结合。特别是形式美对珠宝首饰设计具有决定性意义。纵观不同时代的饰品，可以看到社会的变迁和审美的变化。这些都表明珠宝首饰设计是一项追求社会时尚的行业。现代珠宝首饰设计除了审美的变化外，还有实用与经济的考虑，并在此基础上发挥创新，达到现代设计美学的要求。事实上，美的衡量标准很难确定，人们的人生观、价值观、艺术修养、学识以及智力的不同，对美的认识也不同。

珠宝首饰设计要用图样来表达设计思想，与绘画相比具有一些美学上的共同点。但是，与绘画美的强调主观个性相比，珠宝首饰设计之美更强调与受众产生审美的共鸣。从现实角度来讲，设计之美更强调社会性与时效性，并且受到工艺技术的影响。珠宝首饰设计不仅将这种艺术与经济上的对立摒弃，而且认识到只有与经济水平及社会发展相结合，才能促进设计的发展。珠宝首饰设计的形式美表达了设计师的思想与理念。珠宝首饰的图案、色彩、工艺以及与服饰的整体搭配，都是在设计过程中需要考虑的因素。

在珠宝首饰设计美学中，形式美将设计所要表达的各个要素进行了高度概括。形式美包括形象、结构、色彩以及工艺。一般来说，形象典型、结构巧妙、色彩既对比又协调，三者缺一不可的珠宝首饰设计更受到大众青睐。珠宝首饰设计中，对形式要素和审美要素都需要考虑。形式要素指设计对象的内容、目的，必须运用的形态和色彩基本元素；审美要素指从生理学和心理学的角度，对这些元素进行精心的选择和匠心独运的组合。任何事物都有所要表达的内容和形式的呈现，而内容必须通过一定的形式才能反映出来，两者是不可分割的统一体。在珠宝首饰设计中，内容常常体现在功能的特殊性上，从而铸造出特殊的形式，如戒指的指环状就是为了适合于套指等。这就是说，形式与内容是相互转化的。艺术的形式美是人们创造出来的，珠宝首饰设计就是在掌握珠宝首饰特征的基础上，创造出令人目眩的形式美（图 1-40）。

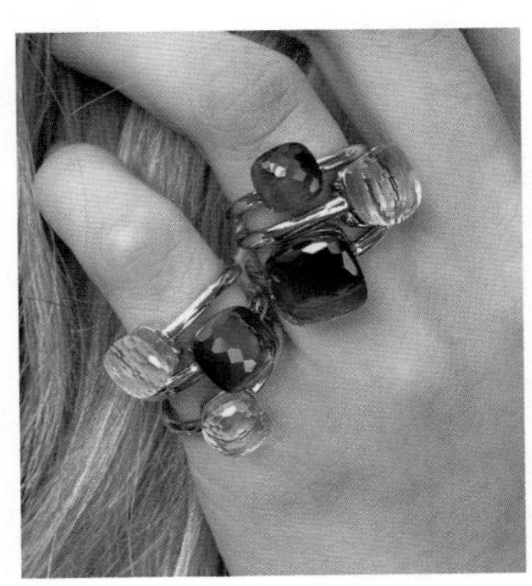

图 1-40　戒指的形式美

三、珠宝首饰设计的原则

现代首饰设计是以图案为基础的一种实用装饰美术，它之所以被称为“设计”，而不是绘画艺术上所用的“创作”，是因为前者是造型计划，而后者是一次完成的艺术。设计的体现必须通过制作才能完成。珠宝首饰设计决定了设计的结果是有循环性的，设计师不能孤立地只考虑首饰的造型，因此，设计师在设计过程中应该遵循如下几点原则。

1. 市场需求原则

珠宝首饰作为一种具有悠久历史和文化传承的饰品，一直以来都受到了人们的追捧和热爱。在当今的市场经济环境下，珠宝首饰行业逐渐扩大并成为一个巨大的产业。珠宝首饰首先是商品，其次才是艺术品，因此，最大程度地满足市场需求是设计的首位。

2. 艺术性原则

珠宝首饰设计产品必须具有美观、文化内涵和艺术表现。艺术性原则是利用技术美与形式美的结合，具有很强的艺术感染力。艺术性的珠宝首饰设计不仅仅是外观的美感，更是对人们情感和内心世界的表达。

3. 适用性原则

设计珠宝首饰的适用性原则满足如下几个条件：社交功能、消费对象、消费场合、审美情趣等。人们可以根据不同的适用场合和情况佩戴适合的珠宝首饰。

4. 工艺性原则

工艺性原则属于珠宝首饰设计的关键要素，设计师需更熟练地把控珠宝首饰设计的工艺流程和技术条件，譬如有利于制作、有利于抛光、有利于镶嵌等其他方面，而工艺的熟练掌握，更加需要专业的设计师在长时间的摸索以及运用过程中进行总结和归纳积累经验。在珠宝首饰制作过程中，还应遵循安全和环保的原则，使用安全的工具和设备，并采取相应的预防措施。

5. 经济性原则

珠宝首饰的设计必须符合当下先进的生产水平，做到以最少的财力、人力、物力、时间来获得最大的经济成果，包括：材料的经济性，即宝石、金属材料的消耗；工艺的经济性，即设备、材料、人力的消耗；市场的经济性，即人力资源等。这些都是珠宝首饰设计需要考虑的经济因素。

总之，珠宝首饰设计师在充分考虑到金属材料和宝石原料、首饰类型、美观性、时代性、社会性以及成本、产值等诸多因素的基础上，根据市场要求设计出来产品，经加工制作后投入市场，在得到市场反馈后再不断调整自身，以满足人们不断提高的物质和精神需求。

第二章
珠宝首饰的起源与发展

珠宝首饰设计是人类文明发展到一定阶段的产物，它是为人制造美饰的实践活动。在旧石器时代早期，人类用树叶、鸟羽为衣为饰，就带有珠宝首饰设计的初级美学思想和实用性基础。这些用作饰品的羽毛以及树叶等，并非是随手取之，而是有很强的选择性。这些饰品的形态反映了人类文明早期朦胧的装饰意识，反映了当时人类的文化状况和审美情趣，从中我们可以感受到古人的思想和人类审美意识的启蒙。人类步入文明社会后，由于生产力的提高，经济社会的发展，商业文明的进步，珠宝首饰艺术也得到了长足的发展。到了今天，珠宝首饰已经成为我们生活中不可或缺的部分。

第一节　原始首饰的起源

追根溯源，目前我们所能看到最早的，并且用于装饰人体，经过人加工的饰品是旧石器时代晚期的零星饰件，比如山顶洞人的钻孔小石珠、穿孔的兽牙、刻沟的骨管和钻孔的海蚶壳等，大部分装饰品带有用赤铁矿染过的红色。远古时代人类饰品的特征可以看出古人对形体的光滑规整和色彩的鲜明突出的爱好和运用。工具制造中需要的形式感，通过饰品的加工得到了进一步的体现和发展。从饰物的材料、形式以及组合方式来观察，这个时期的主要特征是使用低硬度的用料、接近材料原形的简单加工形式以及相同形状的重复组合，代表了原始首饰的开端。

一、原始首饰观念

人类早在原始时期，就萌生了装饰自身的审美情结。在穿树叶、围兽皮的同时，会把贝壳、兽骨、兽齿穿起来挂于颈间（图 2-1），把鸟的羽毛采下来插在头上（图 2-2）。最早的首饰具有可以任意组合、串挂的特点，这就是说人们可以用不同大小、形态的饰品按照自己的意愿构成其单件所不具有的组合物形态，如串饰等。经过反复的组合和比较，于是这些首饰便有了一种新的韵律，即对称和节奏感。

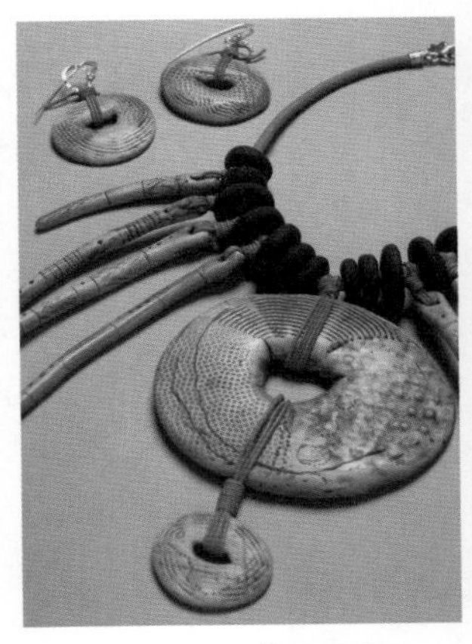
图 2-1　兽骨配饰

图 2-2　羽毛头饰

到了旧石器时代晚期，首饰有了更多的发展。就中国境内发现的考古材料而言，属于旧石器时代晚期的首饰用石、骨、牙、贝（蚌）、蛋壳五类材料制作（图2-3）。这一时期的首饰大部分还是相对粗糙的，小型的首饰常经过细致的加工，而且上面还穿有小孔或涂染了红色颜料。

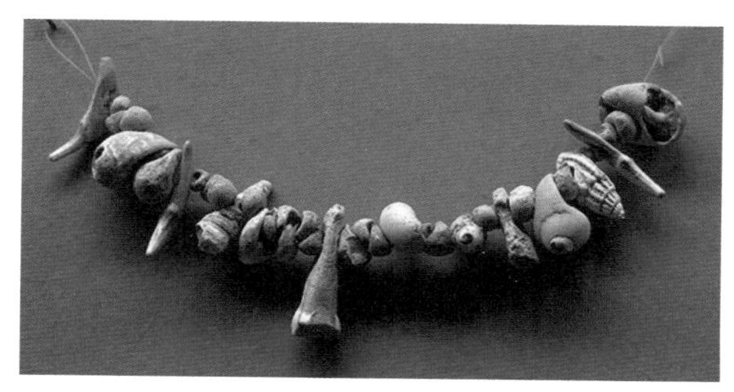

图2-3 骨饰

进入新石器时代以后，原始人类在生产、生活中积累了丰富的经验，能对多种材料进行加工，也能加工出更多形状的饰品，并对它们进行了各式各样的组合。新石器时代的首饰不仅绝大多数都有孔眼，可以串挂，而且在质地上有石、玉、骨、贝质之分；在造型上有圆形、扁形、管形、长方形、葡萄形、水滴形等。这种以各类精细或粗犷的物件装饰自己的行为在世界许多民族的审美意识中都十分常见。如玉璇玑又称玉牙璧（图2-4），是中国古代大型祭祀仪式上的用品，也是权力象征物。最早发现于山东大汶口文化晚期，后在山东、辽东半岛、陕西等地的龙山文化以及湖北后石家河文化时期都有发现。湖北保康穆林头出土的玉璇玑对屈家岭文化时期墓葬的等级葬制研究具有重大意义，表明了湖北地区玉璇玑的传承和区域文化之间的交流与影响。

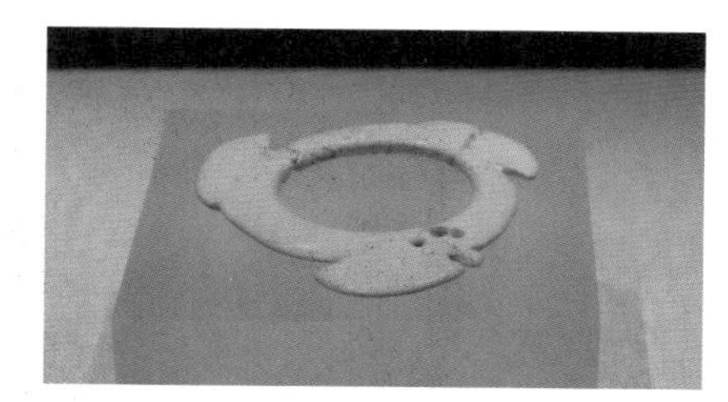

图2-4 玉璇玑 新石器时代屈家岭文化
保康穆林头遗址M26出土

二、原始首饰的风格

原始首饰虽然体积不大，却清晰印有不同时代的烙印。原始首饰体现了当时人们的文化习俗及审美情趣，也受到社会礼制的约束和传统习俗的影响，同时还与制作工艺水平和设计理念有关，展现了原始首饰的不同风格。

1. 古典风格

古典风格顾名思义就是传统意义上比较古老的首饰。具有古典风格的首饰，流行的时间非常持久，无论在任何场合佩戴都尽显典雅韵味。这种古典风格首饰的造型和结构更加对称、平衡，展现古典美学的完美，并且颜色的配合也极其柔和。古典风格首饰的做工一般都极为细致。不仅如此，古典主义还鼓励贵金属的使用和创新，特别是金银的使用，变得更加精密复杂，首饰制作技术也得到提高，首饰设计更加精致、细腻，注重完美的比例。由于受古典主义的影响，原始首饰设计更加注重人体的比例和美感，追求对称的线条和精确的几何形状。这种风格上的转变不仅体现了对古代艺术的回归，也展现了人文理念在原始首饰设计中的体现。

2. 民族风格

民族风格是经过漫长时期而形成的，因此变化缓慢，也不会轻易改变。珠宝首饰在许多民族服饰中是非常重要的装饰形式，从饰品的外形、选材、图案、色彩等方面都具有明显的地域风格和民族特色。由于受民族文化和习俗的影响，服装与饰品的搭配特别丰富，首饰、鞋帽等配件都独具特色，有的甚至比服装本身还要耀眼。如中国苗族的银饰、藏族等民族的首饰，澳洲有些部落的贝饰和鸵鸟毛的头饰等，它们的外观都远远超出了服装本身给予人们的印象，展示出神秘古朴的原始风情。民族风格的首饰材料上以银为主，宝石材料多为绿松石、青金石、玛瑙，甚至贝壳等；形体大且重，有许多坠饰；形制传统，有独特的纹样，仅属于某种特定的文化；设计简洁，制作技术单一，做工较粗糙，但蕴含着一种粗犷的、原始的美，民族的个性表露无遗。自古以来，中国就有“衣冠之国”的美称，中国的少数民族是“衣冠之国”的重要组成部分。另外，不同区域的妇女头饰所用的红珊瑚的部位不一样，头饰的组成也不尽相同，不同身份的妇女头饰也有区别（图 2-5、图 2-6）。

图 2-5　蒙古族头饰

图 2-6　傣族头饰

3. 自然风格

首饰的产生可以追溯到远古的史前文化。当时由于生产力极度低下，为了满足人类自身的需求，人们一方面积极地向大自然索取，另一方面被动地希望得到大自然的给予和恩赐，因而形成了一种矛盾的文化心理。面对无限神秘的自然世界，原始人类的心目中产生了多种文化情结，通过各种艺术形式表现出来，形成了独特的艺术形式。自然风格的首饰具有活力和朝气，以朝气蓬勃的向日葵、有趣的贝壳、秀美的树叶等自然元素作为灵感设计源泉，以热情奔放、清新质朴的大自然气息作为设计风格。自然风格的首饰的共同特点是透明、轻盈、有呼吸感，从而打破了固有的设计思路，创造出一种全新的美感。

第二节 中国珠宝首饰发展简史

漫长的文明史和深厚的人文积淀使得珠宝首饰成为一种独特的文化符号，凝结了中华民族的民族特色和文化精神。在中国，珠宝首饰的产生、发展乃至鲜明风格的形成与中国历史文化传承和多民族聚居的民族背景有着密切的联系。悠久的文明史也造就了中国工艺技术的发展与提高，无论是玉石的加工还是金属的运用，都达到了炉火纯青的地步。辽阔的国土孕育了风格各异的民族文化，各民族的交流与融合形成了中国珠宝首饰形式多元化的特征，即形式上既有本民族的传统形式，又包含了消化吸收外来文化的成果；既有中华民族相对鲜明统一的民族风格，又有各地区各民族的区域性差异。

一、中国各时期的珠宝首饰

中华民族在五千年悠久的历史长河中，创造了无数的灿烂文化，其中包括珠宝首饰的诞生和发展历程，每一时期的珠宝首饰都具有特定的历史文化内涵。

1. 春秋战国时期

当时人们已经掌握了焊接、刻画、镶嵌、鎏金、镂空、失蜡浇铸、金银错嵌等金属工艺技术。春秋玉器在继承西周玉器的造型、纹饰基础上，又呈现出多方面的创新。礼玉减少，璧、璜造型和纹饰有变化。玉器最能反映春秋时期的琢玉水平，如谷纹玉璜是春秋玉器对称构图的绝妙例证（图 2-7）。玉璜不再像早期两端向上，而是两端向下，这可能与当时认为璜由虹变化而来，龙首饮璜能致雨有关。春秋玉器的工艺可用“精细”二字来形容，无论是穿细小直孔，还是修磨边角，或是表面纹饰，都精雕细琢，一丝不苟（图 2-8）。相比较而言，商代、西周时期的玉器纹饰主要靠线条的变化来描绘图案，将画面圈在玉器轮廓内，表现主题花纹的是浅浮雕装饰技艺。春秋战国时期的这种装饰方式更具有装饰韵味和规范化。

图 2-7　谷纹玉璜

图 2-8　透雕龙纹玉璜

战国玉器在造型方面，方、圆等几何形器型进一步减少，以曲线为主的造型频繁出现。如S形龙凤玉佩（图2-9）大量涌现，形式多样，千姿百态，还出现了单龙腾飞、双龙游戏、群龙相盘、龙腾虎跃等形象，将龙凤神韵表现得淋漓尽致。S形艺术语言孕育着事物周而复始运动的客观规律。另外，镂雕艺术在战国玉器中大放异彩，达到相当高的艺术水准，其特点是将边廓外加以镂雕刻画，装饰韵味很浓。

新石器时代的良渚文化、商代大洋洲墓葬都曾出土羽人的形象，羽人透雕，兽首人面，头部以两只反首相背的凤鸟为冠，双翅收拢于胸前，全身阴刻羽纹、鳞纹。战国中晚期出现的羽人则与神仙信仰有关。早期人类普遍崇拜飞行能力，巫师常常利用各种仪式和药物进入意识模糊的状态以模拟飞行体验，显示法力，鸟类、羽毛等与飞行密切相关的符号也成为他们拥有超自然能力的象征，如羽人玉佩（图2-10）。

图2-9　S形龙凤玉佩

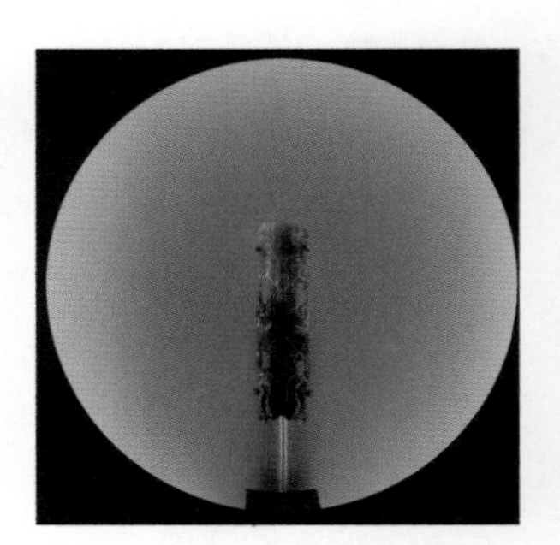

图2-10　羽人玉佩

笄是绾髻固冠的用具。按照古代礼制，女子年满15岁将正式改梳成人的发髻，插上笄把头发挽住。男子除了也用笄束发以外，还用笄固冠，即把冠体和发髻相固定。这种固冠的笄一般是横插在发髻之中，故又称“横笄”或者“衡”。陕西周原博物馆收藏的西周骨笄，镶嵌有绿松石，很精致（图2-11）。这种器物在商周时期非常流行，男女都可用，用来束发。

图2-11　西周骨 笄

2. 汉代首饰

汉王朝是蓬勃朝气、继往开来的大一统封建帝国，国力十分强盛。汉代首饰无论是数量、品种，还是制作工艺，都远远超过了先秦时代，材料由原来的竹木、玉石、蚌骨等发展成玉、铜、金、银、玳瑁、琉璃、翠羽等贵重的材料。汉代金银首饰工艺逐渐发展成熟，最终脱离青铜工艺的传统技术，走向独立发展的道路。汉代首饰在制作方面还产生了一些新的技法，如掐丝、金珠、焊接、镶嵌等。汉代精致的首饰很少，显示出一种清新而淡泊的朴素美。汉代男性首饰只是发饰中的笄，用以贯发或者固定冕。女性发饰除了笄以外，还有钗、簪和耳珰。钗的形状比较简单，将一根金属丝弯曲为两股即成。如果只是一根，就是簪，材质有玳瑁、角质和竹质。此外，汉代妇女的发饰还有金胜、华胜、三子钗等，皆缩于头部正面额上的发中。在汉代还首次出现了步摇，也是一种发饰，是汉代宫廷后妃的礼制首饰，后来流行了几个朝代。“步摇者，贯以黄金珠玉，由钗垂下，步则摇之之意。”步摇由钗首垂下珠玉等垂饰，女子行动时，垂饰轻轻摇摆，将女子的风姿体现得淋漓尽致。图 2-12 为西汉时期女性装扮复原图，其中女子头上佩戴步摇样式。

耳珰是汉代耳饰中的一种，多作腰鼓形，一端较粗，常凸起呈半球状，戴的时候以细端塞入耳垂的穿孔中，粗端留在耳垂前部。汉代的耳珰还有在其中心钻孔穿线系坠饰的，这样的耳饰名“珥”，珥上的坠饰则名“珰”，材质有金属、玉质和玻璃质的。此外也有带坠饰的耳环（图 2-13）。

图 2-12　步摇佩戴图　图片来源：国家博物馆

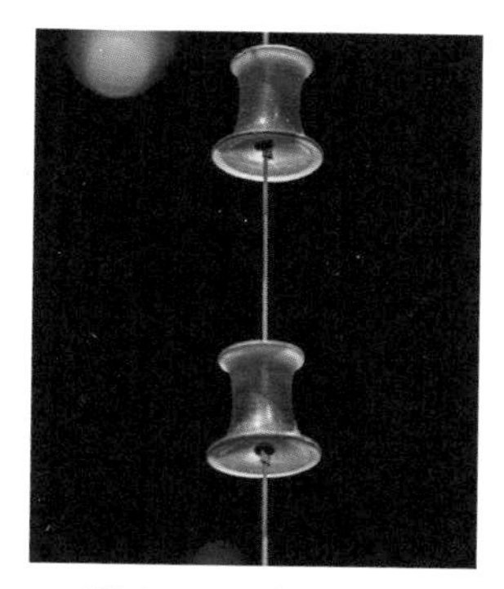

图 2-13　东汉耳珰

3. 唐代首饰

唐代是中国古代空前强大的一个时期，社会经济繁荣，团结边疆诸兄弟民族，与周边国家的交往也很频繁，形成一个繁荣昌盛开放的时代。唐代金银产量增加，大量制作金银首饰，加之上层人士崇尚奢华，刺激了珠宝首饰制作的发展，成为中国金银首饰制作和使用的鼎盛时期（图 2-14）。

图 2-14　唐代发钗

唐代的金银艺术与传自中亚细亚古国粟特、波斯萨珊、印度、东罗马的金银艺术相融合，形成了唐代金银首饰娴熟、精巧的制作工艺和典雅、华贵的艺术特征。其工艺技术极其复杂精细，当时已广泛使用了锤揲、浇铸、焊接、切削、抛光、铆、镀、錾刻、镂空等工艺，并把金、银、珍珠、宝石相互搭配，发挥不同材料的特点，充分展示出首饰绚丽多姿、富丽精美的风采（图 2-15）。唐代的首饰风格具有博大清新、华丽丰满的特点，并富于情趣化。唐代首饰面向自然，面向生活，富有浓厚的生活情趣，摆脱了拘谨、冷静、神秘、威严的气氛，使人感到自由、舒展、活泼、亲切。美丽盛开的花朵、卷曲丰满的卷草、自由飞翔的禽鸟、翩翩起舞的蜂蝶都是常见的首饰题材。图 2-16 中的唐代耳坠制作精细，装饰华丽，是唐代金首饰中的珍品。此耳坠由挂环、镂空金球和坠饰三部分组成：上部挂环断面呈圆形，环中横饰金丝簧，环下穿两颗珍珠对称而置；中部的镂空金球用花丝和单丝编成七瓣宝装莲瓣式花纹，上下半球花纹对置，球顶焊空心小圆柱和横环，上部挂环穿横环相连，金球腰部焊对称相间的嵌宝孔和小金圈各 6 个，部分嵌宝孔内还保留红宝石和琉璃珠等；下部有 7 根相同的坠饰，每根坠饰的上段均做成弹簧状，并串有珍珠、琉璃珠、红宝石作为装饰，形成了一种独特的层次感和灵动性。

图 2-15　唐代手镯

图 2-16　唐代耳坠

沿袭前代传统，钗和步摇仍是唐代妇女的重要发饰类型。唐代很重视发钗顶端的花饰，花饰愈做愈大，几乎与钗股等长。样式和纹饰更加丰富，有凤形、摩羯形、花鸟形、缠枝花卉形（图 2-17）等多种。唐代发钗往往是一式两件，花纹相同，方向相反，以多枚左右对称插戴。唐代钗首被打成薄片，工艺精妙绝伦，纹样题材为鸳鸯戏莲（图 2-18）。步摇在唐代受欢迎程度遍及当时社会的各个阶层，以达官贵人为甚。盛唐时，梳也成为妇女的重要发饰。晚唐妇女盛装时，在髻前及其两侧共插三组梳。同时，梳背的装饰亦日趋富丽，如在金质地上镂刻、錾刻出花朵和凤凰纹饰，或者用金丝和金粒掐焊出缠枝卷草纹等各种花纹。也有玉质梳，镂刻出花鸟图案。

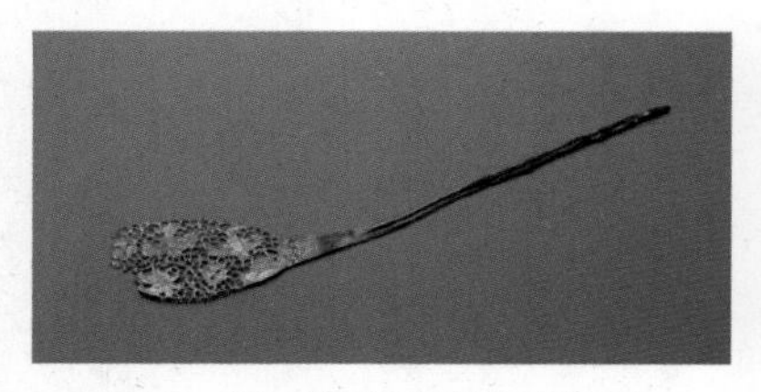
图 2-17　唐代缠枝花卉形钗

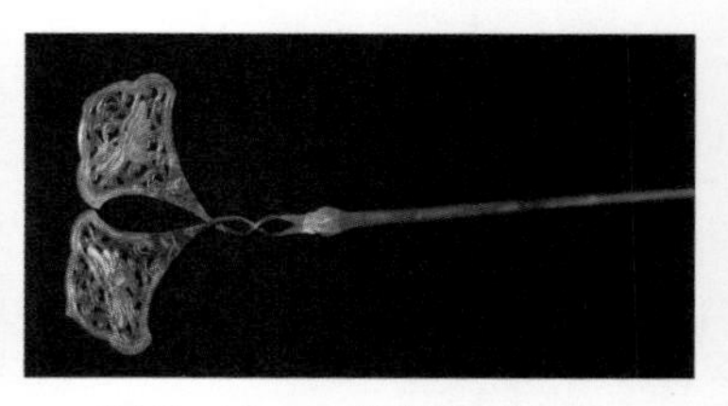
图 2-18　唐代鸳鸯戏莲钗

4. 宋辽金时期的首饰

宋代随着封建城市的繁荣和商品经济的发展，各地金银工艺制作行业十分兴盛，由此也带动了金银首饰业的发展。宋钗的典型样式是在钗梁装饰弦纹，又或竹节、竹叶和花卉装饰，如江苏丹徒县码船山大队出土的金竹叶钗（图 2-19）。宋代妇女的首饰种类大体沿袭唐制，仍以钗、梳等发饰为主，顶端带花饰的簪增多。从宋代首饰的制作工艺看，自秦以来流行的掐丝、镶嵌、金珠的技法几乎不见，而较多运用锤揲、錾刻、镂空、浇铸、焊接等技法。镂雕工艺在唐代基础上进一步精进。

织梭式簪是由拨子式演变出来的另一种新样式的簪，造型取式于织梭。出自南京幕府山宋墓的麒麟凤凰纹梭式金簪一枝，簪脚趋于窄尖，簪头趋于宽圆；簪首一端打作奔行而回首的麒麟，另一端打作俯首而低翔的凤凰，披垂的凤尾仿佛流云托起麒麟的后足，空白处满饰灵芝卷草（图2-20）。

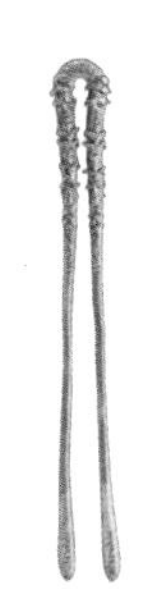

图2-19　金竹叶钗（江苏丹徒县码船山大队出土）

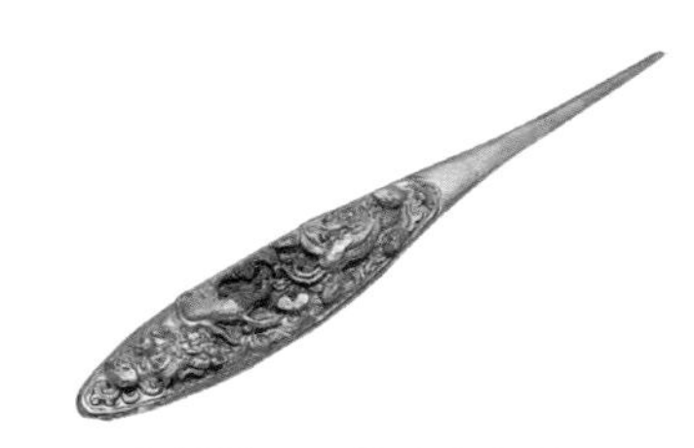

图2-20　金麒麟凤凰簪（南京幕府山宋墓出土）

宋代的首饰风格具有清新秀美、典雅平易的特点，虽然没有唐代首饰那样富丽堂皇、细腻华美，然而其洗练精纯、幽雅含蓄亦非唐所能及。宋代首饰以朴质的造型取胜，很少有繁复的装饰，使人感到一种清淡的美。到了北宋中晚期，这一时期的用料选材就变得丰富起来，除了传统的金属外，更是出现了两种不同金属的结合体，如银鎏金，也出现了金饰、水晶、琉璃等价格较高的饰品。这个时期，水晶、琉璃这类娇弱易碎的首饰是只有高门大户中的夫人、小姐才可以佩戴的。图2-21中的宋代琉璃簪为湖蓝色，簪首为梅花形，非常雅致，主花上下另有繁缛的边饰陪衬，下层由花瓣纹连接成花边，精工富丽。

宋代穿耳之风盛行，耳环样式层出不穷，材质也相当丰富。辽金时期的耳环以青铜、金质为主，多镶嵌玉石，其形制巧异，工艺精美，这与北方少数民族长期制作佩戴耳饰有直接的关系。图2-22为串缀珠宝金耳环。元代熊梦祥《析津志》“风俗”条中有关于此类耳环的记载是：“环多是大塔形葫芦环，或是天生葫芦，或四珠，或天生茄儿，或一珠。”其造型如塔状。

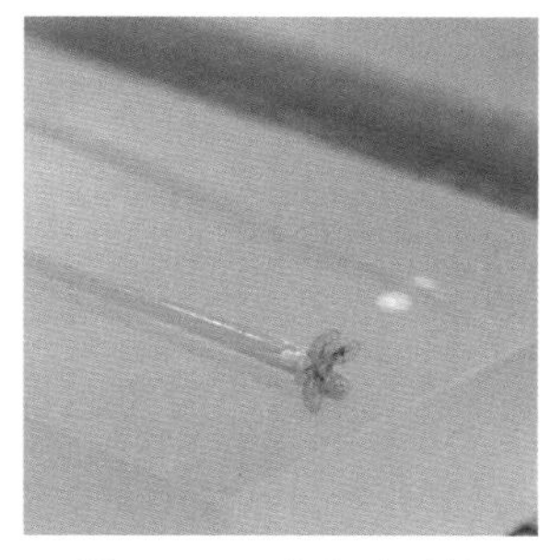

图2-21　宋代琉璃簪
（杭州西湖博物馆藏）

图2-22　串缀珠宝金耳环

5. 元代首饰

元代的贵族统治者非常重视金银的使用，金银首饰得到很大程度的发展。元代的金银器主要分为三类：第一，各种生活用具，如碗、盏、杯、盘、盒、碟、瓶、壶等；第二，各种首饰和梳妆用具，有钗、条脱等；第三，作为货币的金银锭和金银条。如图 2-23 中的镂空金眼耳饰整体采用镂空錾刻工艺。下部正中锤揲出一枚水滴形金泡，其外为卵形，透雕出勾连蔓草纹，卵形之上有一转轮形金饰，其两侧透雕莲花等花纹。背面以单根粗金丝做成别针方便佩戴。其底部有环，可以挂坠饰。

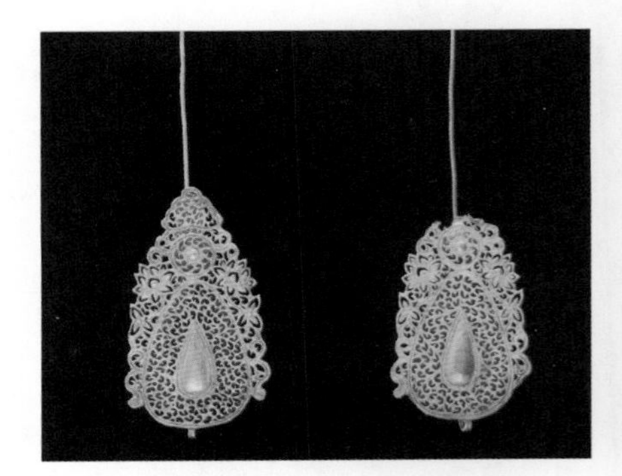

图 2-23　镂空金眼耳饰

6. 明代首饰

明代各种技术条件的成熟促进了首饰工艺的发展。明代首饰从题材、造型和工艺各方面都达到了空前发展的水平。明代首饰风格具有端庄、敦厚的特点。纹饰题材既传承了前代的传统，又有所发展，形成了丰富的主题。明代首饰中，模仿植物和动物的纹样较前代明显增多。其中植物以花卉、枝叶为多，如图 2-24 中金累丝镶宝石牡丹花鬓钗，双层镂空，花丝平填作满卷草纹底衬，其上的花丝托内存镶红、蓝宝石。牡丹鬓钗的累丝枝叶伸展披垂于花朵之间，生意盎然。鬓钗在盛妆之下通常插戴于额角两边。此外还有梅、兰、竹、菊等象征君子清雅高洁的花卉。图 2-25 为梅花形金镶宝石簪，簪顶为五瓣梅花造型，花心处镶嵌红宝石一颗。明代首饰的纹样大量采用象征吉祥美好的图案，如龙凤、莲花、彩云、蝴蝶、鹦鹉、蜜蜂、汉字等中华民族特有的题材。

图 2-24　金累丝镶宝石牡丹花鬓钗

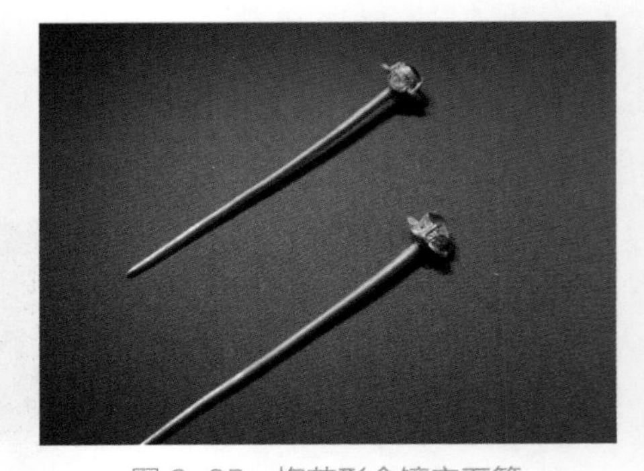

图 2-25　梅花形金镶宝石簪

明代首饰的造型款式与首饰工匠的设计构思以及当时人们的审美情趣密切相关。与宋元首饰相比，明代首饰中素面者少见，大多纹饰趋向繁密，花纹组织通常布满周身，除细线錾刻外，亦有不少浮雕形装饰，对以后清代的首饰有着不可忽略的影响。明代首饰特别是金首饰的工艺，较前代也有很大的发展。明代首饰很少采用某一单独工艺制作，往往采用两种或两种以上的工艺，以期达到较完美的艺术效果。其制作工艺以花丝工艺为主，有时也配以锤揲、錾刻、累丝、掐丝、炸珠、镂空、焊接、浇铸等工艺，做工精细，富丽堂皇，古色古香，有浓厚的宫廷气息。特别是金簪，在其顶部焊接用极细的金丝编制成的金托，在托内镶嵌各色宝玉石及珍珠，鲜艳的宝石与灿烂的黄金交相辉映，富丽华贵。

如图 2-26 所示的明代楼阁金簪出土于江西明代藩王墓，这一批金器为明代藩王墓出土金首饰工艺水平的代表，最漂亮的几件全部收藏在国家博物馆。此件通高 12.5cm，为横式朵云相对形，花丝工艺做的背底。阁有上下两层，重檐九脊顶，下层阔三间，各间内均有一尊造像，制作工艺极为细腻（图 2-26）。

河北邢台博物馆收藏的明代金累丝耳坠（图 2-27），灯笼造型，极为精细的累丝工艺制作出非常细小的部件，每一个部件上又有单独的纹饰，再用黄金拉成的细丝将各部件连缀，极尽巧思和创意。此种类型的金耳坠在明清极为流行，首都博物馆和宁夏博物馆都有收藏。

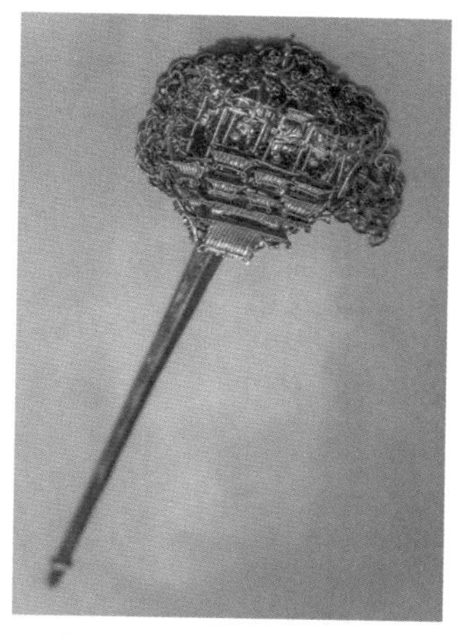

图 2-26　明代楼阁金簪
（国家博物馆藏）

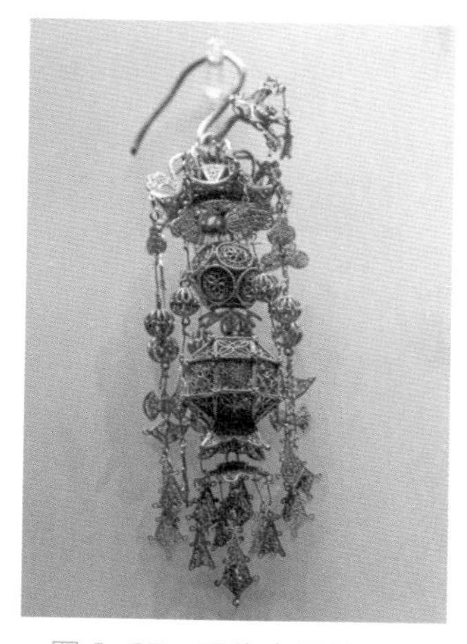

图 2-27　明代金累丝耳坠
（邢台博物馆藏）

7. 清代首饰

由于清王朝在推行满族服饰上坚定不移的政策，使得本来只存在或主要存在于满族人中的某些服饰配饰及首饰逐渐渗透到了其他民族中。因此，清代首饰无论是种类还是造型，都比以往朝代的首饰要丰富。清代首饰种类有朝冠、花翎、顶戴、钿、扁方、簪、耳饰、朝珠、手串、手镯、指约、指甲套（图 2-28）、环佩、荷包、领针等。清代点翠嵌珍珠皇后朝冠应是皇后在夏季穿礼服时所戴，用青绒做成，上缀有红色丝绒线，最上面用金累丝托贯金凤、珍珠，顶缀大珍珠（图 2-29）。染皮护领垂于冠后，蓝布饰带。按清朝典制记载，顶三层、金凤七、金翟一，在后妃冠帽中是最高等级的朝冠。

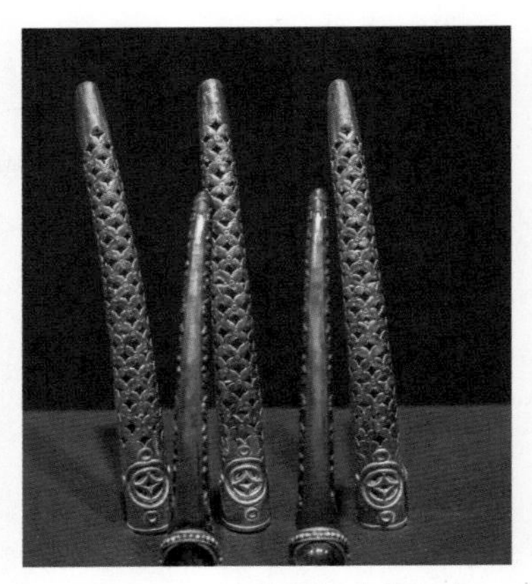

图 2-28　清代银鎏金指甲套
（北京海淀区博物馆藏）

图 2-29　清代点翠嵌珍珠皇后朝冠
（北京故宫博物院藏）

还有很多首饰是清代所特有的，如朝珠、顶戴、花翎、领约等冠服配饰。这些冠服配饰是只有君臣命妇才可以佩戴的礼制首饰，不允许黎民百姓佩戴。即使是皇室贵族，对于佩戴何种质地、何种颜色和何种数目的首饰，也有严格的区分和等级规定。清代朝珠由佛教数珠发展而来，因为清代皇帝祖先信奉佛教。朝珠由 108 颗珠子贯穿而成，挂于颈上，垂在胸前（图 2-30）。每盘朝珠有四个大珠，垂在胸前的叫“佛头”，在背后还有一个下垂的“背云”。在朝珠两侧有三串小珠，一侧为两串，另一侧为一串，各 10 粒，名为“记捻”。朝珠的材质有珍珠、翡翠、玛瑙、蓝晶石、珊瑚等，材质的优劣代表官品的高低，最好的东珠朝珠只有皇帝、皇后、皇太后才能戴。花翎是清代品官的冠饰，以孔雀翎为饰，根据翎眼的多少分为一眼、双眼和三眼花翎，分别奖赏给功劳递增的品官。顶戴又称“顶子”，是清代官员帽顶镶嵌的宝石。清代一品官员顶戴为红宝石，二品为红珊瑚，三品为蓝宝石。从官员帽顶上所戴顶戴的颜色和质地，就可以看出官员的品级高低来。由此可以看出，清代首饰有很多是和冠服相联系的，男女都可佩戴，并且具有很强的等级性。

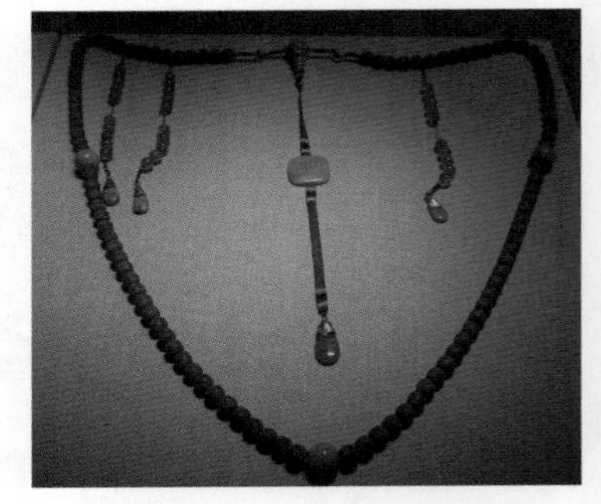

图 2-30　（清）迦楠木朝珠

清代旗人女性的发式经历了“两把头”“叉子头”“大拉翅”等几个阶段，具有明显的满族传统特色，而点缀这几种发式的头饰也有其独特的民族风格。扁方是满族妇女梳“两把头”的主要首饰，起到横向连接的作用，其质地有金、银、软玉、翡翠、玳瑁、檀香木等。由于受到汉族妇女头饰的影响，被汉人沿用了几个世纪的簪、钗、步摇等也受到满族妇女的青睐。山西博物院藏的清代鎏金银步摇钗（图 2-31），簪头和杆之间有银质弹簧连

图 2-31　清代鎏金银步摇钗
（山西博物院藏）

接，可以使簪头晃动。簪头顶部是两只白玉雕的小金鱼，佩戴的女子走动时，两只金鱼也仿佛在空中游动，惟妙惟肖。清代传世的簪钗数量非常丰富，造型千变万化，设计也别出心裁，充满了民俗的趣味，也体现了匠人丰富的想象力。

随着满汉风俗习惯、服饰文化的融合，清宫后妃头饰逐渐被民间所吸收，由此演变出许多深受民间妇女喜爱的头饰。清代首饰的题材相较以往更为丰富，更加推向极致。此外，除了蝴蝶、鸳鸯、蝙蝠、蟾蜍、荷花等传统题材外，还出现了松鼠、蜻蜓、葡萄、兰花等动植物纹样。在首饰工艺上，清代制作水平远远超过前代，技法得到了飞跃式的发展。清代首饰制作工艺包括浇铸、锤揲、焊接、镌镂、掐丝、镶嵌等，并综合了阴线、阳线、镂空等各种手法。此外，清代还有“点翠”的新工艺，即把翠鸟的羽毛依设计要求剪裁备用，然后用胶粘于金、银首饰上，要求贴得平整、匀称，不露地子。翠羽根据部位和工艺的不同，可以呈现出蕉月、湖色、深藏青等不同色彩，加之鸟羽的幻彩光芒，使整件作品富于变化，生动活泼，与金、银等材质的色泽形成鲜明对比，华贵富丽。钿帽是清代中期开始流行到清末民初的一种女性饰品，是满族旗人成年女性所佩戴的一种冠帽。图 2-32 是一顶清代点翠多宝花钿帽，上面镶满了各种宝石，极为华贵，美轮美奂。在清宫戏里经常能看到皇后和妃子佩戴各种钿帽，实物更美也更加精致。此顶钿帽的胎用黑丝绒缠绕铁丝做框架，再用细缎带编织而成。正面由 13 块美丽的钿花组合而成，帽顶为一整组钿花。钿花以银镀金为底托，加点翠铺衬，其上再由珍珠、珊瑚以及玉石、碧玺等各种颜色的宝石组成花朵形状。钿帽下围一圈穗子寓意为“岁岁平安”。整个钿帽运用了花丝、镶嵌、点翠等多种工艺。钿子上宝石做的花朵随着人的走动而微微抖动，颇有趣味，仿佛是鲜花盛开在头顶一样。

图 2-32　清代点翠多宝花钿帽

从风格上看，清代首饰既有传统风格的继承，也受其他艺术及外来文化的影响。正是在这种继承和吸收古今中外多重文化营养因素的基础上，清代首饰工艺获得了空前的发展，从而展现出前所未有的洋洋大观和多姿多彩。从整体看，清代首饰风格繁缛、精巧，尤其是为少数封建贵族统治者服务的宫廷首饰工艺，做法细巧严谨，不惜工本，极尽奢华。

二、中国少数民族饰品

中国各少数民族饰品艺术独具本民族的民俗文化特色，不仅以千姿百态的造型款式标志着不同的形象特征，而且也体现着各个民族不同文化的背景。它们和民族图腾一样，被寄予了一种精神与信仰，是一个民族的精神显像和族别符号。汉族的香包，苗族、侗族的首饰等，都是有特色的民族首饰，它们往往带有象征吉祥和爱情的寓意。作为服饰的主要辅助手段，中国各民族在条件许可的情况下，都非常讲究首饰的佩戴。

苗族银饰品种繁多，款式丰富。苗族人民从头到脚，无处不饰，包括头饰、面饰、颈饰、肩饰、胸饰、腰饰、臂饰、脚饰、手饰等，彼此配合，体现出完美的整体装饰效果。苗族人民头顶部佩戴大牛角、小牛角、银帽冠等饰物（图 2-33），头后装饰有银梳，头侧有银簪，两耳佩戴耳环或耳柱，颈部配小米花、罗汉圈等数层项圈（图 2-34）。衣服的前后身装饰满錾刻银片以及银流苏和银铃铛。两手也佩戴多种银戒指和银手镯。苗族流传至今的花丝工艺也是首屈一指。银饰是苗族人家财富的象征，尤其是苗乡年节，或婚嫁迎娶，苗寨便成了银的世界，这是苗族独有的“银饰文化”。而苗族银饰工艺高超，品种繁多，如项圈和手镯就有实心、空心、镂花、圆柱、六方形、棱角形等造型。

图 2-33　苗族银饰头饰

图 2-34　苗族银饰项圈

藏族作为中国典型的少数民族，其在多年的发展过程中形成了与众不同的文化及生活习俗。藏族饰品作为藏族文化的重要组成部分，是藏族独特的装饰艺术之一，具有浓厚的艺术气息。藏族饰品具有独特的审美意义，经过多年的发展也越来越多样化。在西藏，牛骨、纯银、藏银、三色铜、玛瑙、松石、蜜蜡、珊瑚、贝壳等都是藏饰的主要制作原料，取自于大自然。藏族女性以长发为美，她们把满头乌发编成几十条至上百条小辫，头发上再缀饰硕大玛瑙、琥珀、珍珠、玉石的金银饰品，极为醒目。其中，以“巴珠”这种款式最为典型（图 2-35）。巴珠是一个人字形的饰物，将分岔的一边朝前固定在头顶，盛装时佩于头顶发际，两枝前翘，分梳两边的发辫盘于其侧。女子头上戴上巴珠，就意味着已经长大成人了。按照藏族传统习俗，女子第一次戴巴珠的时候还要举行一定的仪式，向女子表示祝贺。

蒙古族同胞由于长期游牧迁徙，头饰普遍相对更容易携带、保存（图 2-36）。首饰多用象征图腾的纹饰（如八吉祥），也会使用卷草纹和寿字纹来表达对上天的崇拜和敬仰。蒙古族首饰和藏族首饰在某些方面有着相似的地方，都受到了藏传佛教的影响，但是蒙古族首饰更显自然。在金属的使用上，藏族使用的是藏银、藏铜的合金金属，蒙古族选用了纯银。而且，蒙古族喜欢红色等鲜艳的颜色，而红珊瑚正好吻合了这一习俗。

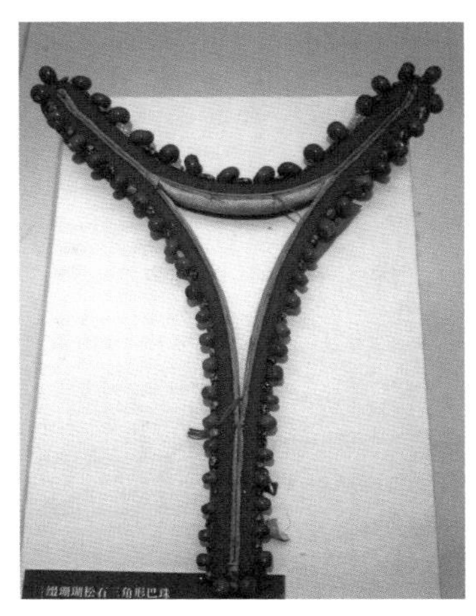

图 2-35　藏族巴珠

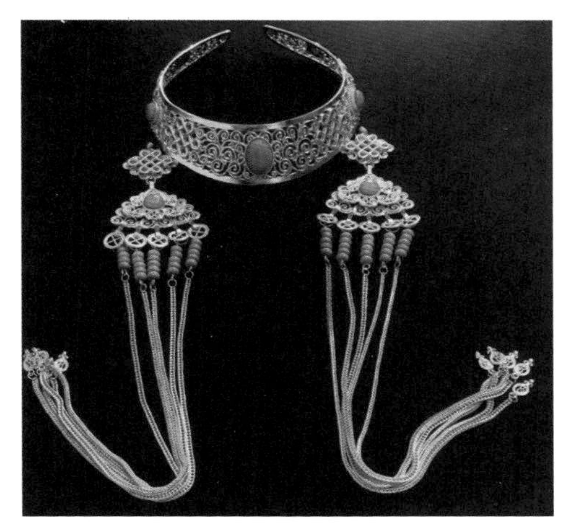

图 2-36　蒙古族红珊瑚配饰

总之，各国、各民族珠宝首饰艺术的不断交融，使得珠宝首饰的造型等表现手法更加灵活生动，新的设计思维层出不穷。生长在不同土壤中的文化在赋予了珠宝首饰艺术个性化特征的同时，也使得各国、各民族的珠宝首饰在国际化、现代化的洪流中展现着不同的特色。对于新一代年轻的珠宝首饰设计师而言，只有吸取各国、各民族珠宝首饰设计领域中的精髓，扎根于本国、本民族深厚的文化土壤中，才能创造出有本土味道的兼具现代感的优秀首饰艺术品。

第三节　西方珠宝首饰发展简史

历史的长河奔腾不息，跌宕起伏，中西方各具特色的文化特点，源自于各自悠久的发展史。对于绝大多数民族来说，珠宝首饰都具有某些更为深远的意义。西方珠宝首饰具有悠长的历史和深远的文化意义，承载了人们对美的追求与审美情感，是人们展示身份、地位和美感的重要方式之一。西方珠宝首饰注重创造性和艺术性，追求独特的造型和精致的工艺。通过对珠宝首饰的研究，我们可以更好地了解西方文化的多样性和深厚内涵。

一、古西方社会的珠宝首饰

随着历史车轮的前行，人类社会逐渐从茹毛饮血的原始时代步入文明时代。在世界的一些地方相继出现了文明的火种。这些火种不仅点亮了人类的智慧，也促进了文化的交流与融合。各种思想、技术和艺术形式开始交汇，创造出更加丰富的社会面貌。这一过程不仅塑造了不同地区的独特文化，推动了人类文明的共同进步。首饰的发展总体处于早期阶段，但首饰也是构思巧妙，结构精美，反映了当时古西方人的审美特点和工艺水平。由于当时科学技术落后，古西方人对自然的疑问和对超自然力量的崇拜，也可以在这些首饰上略显一二。这些首饰不仅是美的象征，更承载着深厚的文化内涵。它们通过细腻的工艺与独特的设计，反映了古西方人对身份、地位与信仰的追求。随着时间的推移，这些首饰的象征意义不断演变，成为文化认同和社会联系的重要载体，为后来的艺术形式与审美观念发展提供了丰富的灵感源泉。

1. 苏美尔首饰

苏美尔人原是波斯高原的游牧民族，当他们流浪到西南亚的底格里斯河和幼发拉底河的两河流域之间的美索不达米亚地区后，结束了迁徙的生活，逐渐演变成了一个以农耕为主的民族，造就了古代苏美尔文明。此时世界上的其他地方还处于石器时代，唯独苏美尔人率先开始铜石并用。在幼发拉底河、底格里斯河两岸的地方，出土了铜珠、铜线，还有炼铜遗址。苏美尔人，无论男女，都佩戴大量的首饰，包括护身符、脚镯和多层项链。苏美尔人已经掌握了相当高超的金属工艺，如珐琅、雕刻、金珠工艺和金银细工。这一时期的首饰造型稚拙朴实，常呈现叶片形、谷物形、螺旋形以及葡萄串形，多半由薄的叶形金片镶嵌玛瑙、青金石、玉髓、碧玉等色彩鲜艳的宝玉石制作而成。首饰的主题主要反映当时广为流传的古老传说的内容，以及虔诚的原始宗教崇拜。它们十分强调精神上的作用，包括其他工艺品在内，几乎都不具有实用功能，而是为死者能够在来世继续“享用”而存在。生和死在苏美尔人的精神世界中占据着同等重要的地位。

图 2-37 中苏美尔 Pu-Abi 皇后的华丽头饰是由极薄的金箔制成的，薄薄的叶片形和圆片形金箔编织起来，可以像流苏一样悬挂，成为头饰的主体。金箔上还点缀了青金石圆片，头饰的顶上装饰有三朵盛开的金花。皇后的耳朵上戴着硕大的空心耳环，脖子上环绕着一圈圈用黄金、青金石和玉髓珠子串成的项链。

图 2-37　苏美尔 Pu-Abi 皇后的华丽头饰

2. 古埃及首饰

埃及位于非洲东北部，优越的地理位置使它能够同时吸收东西方的各种文化。古埃及文明完全借助于其得天独厚的自然环境和泛神论的宗教信仰而发展起来。古埃及尼罗河三角洲发现的最早的首饰距今大约 3500～5000 年。首饰在古埃及社会象征着荣誉、权力和信仰，使用相当广泛，种类主要有头冠、项饰、耳环、手镯、手链、指环、腰带、护身符等，制作精美，装饰复杂，并带有特定含义。在古埃及总共 31 个王朝的大约 3500 年的统治时期里，社会的各个阶层，上至法老，下到平民，生者、死者，人人都佩戴首饰。古埃及法老、贵族的首饰多用耐久的金银合金和石榴石、绿松石、孔雀石、玉髓、青金石等宝玉石制成。平常百姓所戴首饰一般用釉料制成，通常以石英砂或石子为坯，再饰以玻璃状的釉料。古埃及制作首饰的材料多具有仿天然色彩，取其蕴含的象征意义。例如，金是象征生命源泉的太阳；银代表月亮，也是制造神像骨骼的材料；来自阿富汗的天青石仿佛保护世人的深蓝色夜空；来自西奈半岛的绿松石和孔雀石象征尼

图 2-38　绿松石首饰

罗河带来的生命之光（图 2-38）；尼罗河东边沙漠出产的墨绿色碧玉像新鲜蔬菜的颜色，代表丰产和新生；红玉髓及红色碧玉的颜色像血，象征生命。图 2-39 是公元前 1900 年制作的金丝细工首饰，上面镶嵌彩色玻璃，看上去就像是染了色的玻璃窗，跳跃着鲜活的色彩。古埃及首饰艺术虽然历史悠久，但在整体表现手法上却蕴含着某些现代审美意识的要素。例如几何纹样的大量应用、形态的变形处理等，具有很强的现代感。古埃及首饰带有很强的精神意识，圣甲虫的造型几乎是古埃及民族的标志，被广泛地应用于首饰中（图 2-40）。古埃及人认为小甲虫的力量来自冥界、来自神，于是尊封其为"圣甲虫"，并将甲虫图案装饰在戒指、吊坠、手镯上，作为护身符随身携带。古埃及金工艺术的最杰出代表就是古埃及法老图坦卡蒙的黄金宝座、黄金面具（图 2-41）和巨型王棺。黄金宝座全部用黄金包裹，錾花的浮雕图纹上镶嵌着各色玻璃，由超过 200kg 的黄金锻制成的大型金工巨型王棺用各种珠宝玉石装饰其间，更显豪奢华丽。

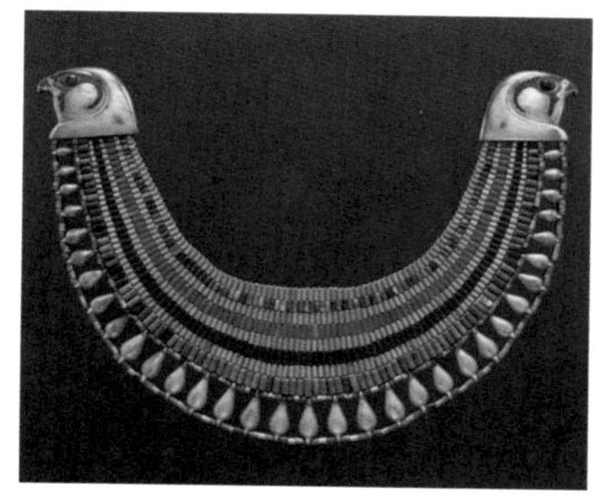
图 2-39　金丝细工首饰

图 2-40　圣甲虫首饰

图 2-41　黄金面具

二、中世纪时期的珠宝首饰

大约公元 400 年，古罗马帝国逐渐衰亡，由此开始至 13 世纪，欧洲进入了中世纪。在这逾千年的漫长岁月里，基督教成为维护国家的精神支柱，并与强权结为一体，规范人的一切思维和活动，包括珠宝首饰艺术在内的众多艺术和文化也深受影响。中世纪珠宝首饰的种类主要是胸针、带扣和坠饰，其肖像、圣骨匣和十字架等元素被装饰得越来越华丽，而项链和戒指等日常珠宝首饰却变得越来越简朴。从某种意义上说，中世纪限制了珠宝首饰艺术的发展，使其处于停滞甚至倒退的状态，毫无灵气。但相比较而言，由东罗马帝国演变而来的拜占庭首饰有一些值得圈点的地方。

现在所说的拜占庭首饰主要指的是拜占庭艺术处于巅峰时期的公元 6 世纪的首饰。拜占庭

图 2-42　船形耳环

图 2-43　悬垂式耳环

文化的影响随东罗马帝国的扩展而不断加大，公元 6 世纪时东罗马帝国的版图几乎囊括了整个地中海沿岸乃至埃及和小亚细亚。拜占庭文化还影响了欧洲的基督教国家。特别是公元 1204 年君士坦丁堡惨遭掠夺，大批珍贵的珠宝首饰被带到西方，对中世纪欧洲的珠宝首饰艺术产生了重大影响。

拜占庭首饰的种类和古罗马的差不多，但造型一反古罗马首饰简单朴素的风格，图案和款式极尽华丽。耳环主要有船形（图 2-42）和悬垂式（图 2-43）两种基本造型，垂饰有透空的镶嵌宝石的垂饰，也有圆形或六边形浮雕式垂饰。随着服装面料变得越来越轻薄，原本用于扣住粗重斗篷的别针变成纯粹的装饰品。拜占庭首饰大量使用了有色宝石、珍珠等材质，并从古罗马前辈那里继承并发展了透雕细工技术和珐琅彩绘技术，因此首饰作品达到了一个前所未有的精致程度。

三、文艺复兴时期的珠宝首饰

在 14 ~ 16 世纪的欧洲，文艺复兴使首饰业获得了前所未有的显著进步。随着持续不断的探索，人们有机会接触到其他文化艺术和贸易，首饰也得到更为广泛的运用。人文主义的曙光照亮了欧洲充满中世纪宗教意味的星空，思想解放运动促使了古希腊、古罗马艺术的复归。相对于中世纪珠宝首饰的单一题材，文艺复兴时期珠宝首饰的题材有所扩展，恢复了希腊神话的主题，例如神话、寓言故事和奇异动物等，同时也继承了罗马人务实的传统，以现实人物造型为主题；另一方面，并没有抛弃基督教的内容，而是进行了改良，保留了圣母和圣子、十字架、天使等宗教主题，但不像中世纪时期的形象那样僵化死板，而是以有血有肉的神灵形象来完善宗教的内容。文艺复兴时期的珠宝首饰中，坠饰和胸针是主要的品种，因为当时流行的女性服装是低领露肩，最适合佩戴项链。在珠宝首饰造型方面，出现了有浮雕人物塑像图案的首饰（图 2-44），如红色的鸡血石、蓝色的青金石、各种形状和尺寸的珍珠，尤其是不规则形状的巴洛克珍珠，常用来表现躯体部分（图 2-45）。16 世纪晚期，流行项坠下面悬挂巴洛克珍珠的首饰款式。这些珍珠在项坠

图 2-44　浮雕人物塑像图案首饰

图 2-45　巴洛克珍珠首饰

上的作用不纯粹是为了装饰，它们还起到了保持整个构图的平衡和稳定的作用。

四、17～19世纪时期的珠宝首饰

17 世纪的欧洲是个大变动的时代，其艺术的发展趋势与当时的政教权争有很大关系。在盛行新教的国家，以尊重自由及崇尚物质为主，致力新知发展；而在旧教的势力范围里，则以宫廷与教会为中心，鼓励雄壮华丽的艺术，一方面夸示强大世俗权力的宫廷趣味，另一方面与旧教仪式相配合，于是产生了表现力量与富足的 17 世纪巴洛克艺术。巴洛克风格风靡于 17 世纪的整个欧洲，但其实早在 16 世纪末便开始了，即便在 18 世纪，仍可见其踪迹。

17 世纪珠宝首饰的主题不再采用之前被推崇的关于神话或宗教的题材，而是更加富于生活气息，大量采用花卉图案。这一时尚风潮起源于法国，并很快传播开来，各种花卉甚至蔬菜图案元素都被用到设计中，郁金香成为最受欢迎的主题。在造型上，巴洛克风格首饰表现为流线型，生动活泼，形式多样，多呈对称样式，表现华丽多彩且富于变化，不乏贵族的庄严和豪壮（图 2-46）。

图 2-46　花卉图案首饰

在珠宝首饰制作技术上，17 世纪获得了长足的进步，主要表现在宝石切磨技术的进步和镶座向轻巧方向发展两个方面。在此之前，人们认为黄金和珍珠是最贵重的，因为它们不用打磨就能显示出美丽的外观。但是，当宝石刻面琢磨法发明之后，欧洲的珠宝首饰工匠发现，琢磨出小刻面的红宝石、蓝宝石和祖母绿除了具有鲜艳的色彩外，还能散发出熠熠的光芒，为珠宝首饰增添了光彩。同时，柔软轻薄的丝绸和蕾丝取代了以往厚重的布料，与之相适应的，珠宝首饰的造型也从粗重、刚硬走向了纤巧、柔和。

18～19 世纪的欧洲进入了相对稳定与和平的时期。在这一时期，纤巧烦琐的洛可可（Rococo）风格成了流行时尚，无论是建筑、服装还是珠宝首饰，都采取了一种不自然且繁缛的样式，它摒弃了巴洛克时代的夸张及深刻，采用羽毛状、花朵状、带状、树叶状和漩涡形为造型，通过这些线条表现出奢丽纤秀和古典婉约（图 2-47）。

图 2-47　漩涡造型首饰

为了迎合日益盛行的社交活动，这一时期还出现了为白天和夜晚分别佩戴而设计的珠宝首饰，采用的造型、风格和材质都不同。在夜晚佩戴的珠宝首饰中，钻石被广泛地运用。同时，为了丰富珠宝首饰的色彩，还大量采用了彩色宝石和珐琅彩釉，尽显珠宝首饰之华丽本色。宝石镶嵌技术的提高使得制作镶座的材料的重量被减至最低限度，从而使珠宝首饰进一步向精细轻巧的方向发展。

五、新艺术时期的珠宝首饰

19 世纪末兴起了一种被称为新艺术主义的艺术革命运动。它源于 19 世纪 80 年代的工艺美术运动。运动的倡导者认为，工业革命带来的技术进步毁掉了艺术，特别是手工艺术。机械化生产的工艺品忽略了创造性的设计，制造出来的产品千篇一律，生硬呆板，没有个性。运动的宗旨是复兴手工艺术，为普罗大众提供独具个性的实用艺术品。新艺术时期的珠宝首饰在造型上充满了对自然的向往，珠宝首饰上出现了大量的树叶、扭动的海洋生物、自然卷曲的女性造型、纠缠着的昆虫和爬行动物图案，线条以曲线为主。自由浪漫、平滑流畅的线条，是这一时期珠宝首饰设计最大的特点（图 2-48）。

图 2-48　树叶造型首饰

在新艺术时期，涌现出了一大批才华横溢的设计师，包括法国的勒内·拉利克（Rene Laligue)、乔治·弗奎特（Georges Fouguer)、亨利·韦拉（Henri Vever) 和路森·盖拉德（Lucien Gailland)，比利时的菲利普·沃尔夫斯（Philippe Wolfers)，美国的路易斯·康福特·蒂凡尼（Louis Comfort Tiffany）等。他们的珠宝首饰作品蕴含着灵动的艺术思绪和精湛的制作水平。直至今日，一提起珠宝首饰，就不得不谈到这些不朽的大师们。勒内·拉利克革命性的创作使他成为一名新艺术风格的大师。微型雕刻是他的特点，其代表图案包括神话传说中的生物、昆虫和奇异花朵，更大胆的是，他所涉及的女性形象是被寓言化的半人半兽。拉利克率先开始探索并非流行的材料，如牛角和象牙，将它们与半宝石、玻璃、珍珠及珐琅相结合。拉利克曾经设计了一枚新艺术风格的蜻蜓女人胸针，其极度精致的工艺将新艺术的唯美气息展示得淋漓尽致（图 2-49）。拉利克对蜻蜓翅膀精心雕琢的处理使之看上去极富透明的质感，充满了灵逸和生动。绿玉髓雕刻的女性人体柔和精致，与蜻蜓的造型非常自然地结合在一起，放大夸张的蜻蜓脚爪的处理和出人意料的组合不禁让人产生神秘的遐想，同时带来一种别致的情趣。

图 2-49　蜻蜓女人胸针

六、近代时期的珠宝首饰

第一次世界大战（1914 ~ 1918 年）之后，接踵而至的是经济和社会的压力，同时也为人们带来了严谨苛刻但也简洁利落的风貌。装饰艺术是在 20 世纪 20 年代男孩风貌（Flapper）时期、爵士时代和机械时代流行开来的创新设计风格。它集中体现了流线型造型和简约、抽象的几何图案，以及引人注目的图形色彩使用，尤其是红色、黑色和绿色。这一艺术形式受到了来自古埃及的法老、亚洲、非洲部落、立体主义和未来主义艺术运动的影响。

装饰艺术将工业化大生产与艺术的敏感及先前已经消逝的设计相结合。能够体现这一时代艺术特征的珠宝首饰，包括卡地亚（Cartier）、吉恩·代斯普利司（Jean Despres）、宝诗龙（Boucheron）、约瑟夫·尚美（Joseph Chaumet）、雷蒙德·唐普利耶（Raymond Templier）、拉克洛克·弗雷斯（Lacloche Fr è res）和江诗丹顿（Vacheron Constantin）等品牌的首饰。服装或时尚首饰所具有的廉价、一次性使用的“用后即弃”的特性，在 20 世纪 30 年代广泛流行开来。在材料使用方面没有明显的价值，通常只为搭配体现某个特定风貌而设计。作为服装配饰的珠宝首饰，选料主要以廉价的仿造宝石为主，例如人造钻石；材料则包括有机玻璃、锡、银、铜和镍。

眼光独到的设计师可可·香奈尔（Coco Chanel）带动了“人造”饰品或者服装配饰的流行，在 1932 年以星星和彗星为灵感创作了一次性钻石系列。这是巴黎大萧条之后的变革产物（图 2-50）。

图 2-50　可可·香奈尔设计的一次性钻石系列

当代首饰运动始于 20 世纪 40 年代末，迎合了当时人们对于艺术化和闲适生活追求的审美趣味。50 年代，珠宝首饰设计更加朴素淡雅，其目的在于与那个时代的高级定制造型相匹配，迪奥先生大胆的“新风貌”就是当时最具特色的样式。大胆的首饰，如硕大的、厚实的手镯，以及饰以翡翠、猫眼石、黄水晶和黄玉等半宝石的迷人手镯，变得大受欢迎（图 2-51、图 2-52）。

图 2-51　迪奥先生设计的项链

图 2-52　迪奥先生设计的手镯

20 世纪中叶后，西方的艺术家举起了反传统的大旗，追求艺术风格和形式的创新，部分艺术家已不再满足于用手中的画笔、画布、雕塑刀、大理石这些传统的表现工具和材料，而要寻找更广泛的题材、材质和形式来表达自己的激情和观念，自然他们也未忘记珠宝首饰这个神奇的领域。一批 20 世纪伟大的艺术大师，包括毕加索、勃拉克、达利等，都参与了珠宝首饰设计。他们将其他艺术领域的思维带入了珠宝首饰艺术领域，为我们留下了不朽的、标新立异的、可佩戴的艺术品。时至今日，我们仍能从这些作品中体会到大师们非凡的大家风范，也能感受到首饰饱含创造者所拥有的激情和所蕴含的艺术新观念。例如20世纪享有盛誉的杰出艺术家萨尔瓦多·达利，是世人眼中超现实主义的化身，他不仅在绘画领域有惊世骇俗的表现，在摄影、电影、文学创作甚至珠宝首饰设计等方面都表现非凡。达利以疯狂的热情和脱胎于绘画的离奇表现手法，遨游于珠宝首饰艺术世界。50～60年代，他创作了一批珠宝首饰作品，如“时间之眼”（图2-53）、“高贵的心”“夜蜘蛛”“不死的葡萄”等，每一件均渗透了达利对艺术和自然的感悟，于怪异中透出高雅的情趣。还有红宝石嘴唇胸针（图2-54），红宝石之间的金属镶爪恰似女士口红闪烁的珠光，在两片鲜红嘴唇之间还装上了一排圆溜溜的珍珠牙齿，充满了机智的诙谐。

图2-53　达利设计的“时间之眼”

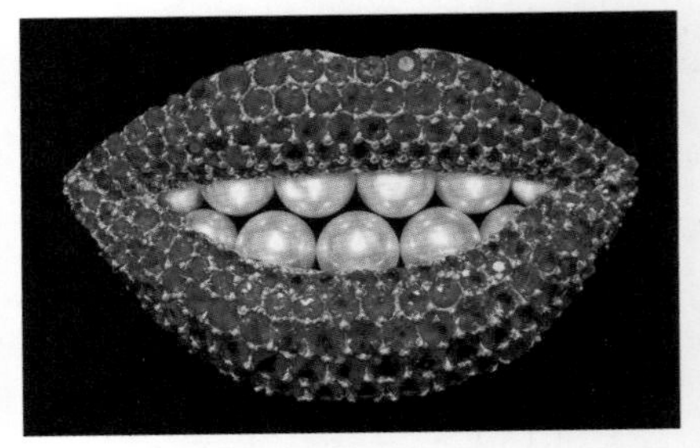

图2-54　达利先生设计的红宝石嘴唇胸针

20世纪60年代，在追求新颖、追求古怪、追求新奇的波普运动（POP）的推波助澜下，色彩强烈、造型怪异、取材自然、粗犷不羁的珠宝首饰受到了青年们的喜爱，大行其道，广为流行。着装不修边幅，蓄着长发，头上缠绕着印第安风格的布条，插着野花，戴着手工制作痕迹明显的不规整的项链，赤着脚丫穿草鞋，就是当时经典的时尚形象。

20世纪70年代是朋克式（Punk Look）引领时尚的年代。摇滚乐手将闪闪发光的别针、回形针、拉链、锁链和铆钉随心所欲地装饰在清一色的黑皮夹克上，或挂在耳朵和脖子上，引得当时的青少年们纷纷效仿，它们一夜间成为时尚首饰的代表。朋克已经不再只是一种音乐，它更是一种艺术风格，一种精神。他们喜欢运用黑白、金属色来直接表达他们的心情和思想。这些朋克风的经典元素，也逐渐成为时装上越来越常见甚至不可或缺的一部分。随着时代逐渐流转，一批朋克风格的珠宝首饰正在复古的浪潮中逐渐兴起（图2-55）。时至今日，科技高度发展，多元化、快节奏的现代化社会带给人们物质上的奢华，而心灵上则充满对个性的渴求、对自然的回归和对简洁经典的追求，珠宝首饰设计也呈现出多元性的趋势。

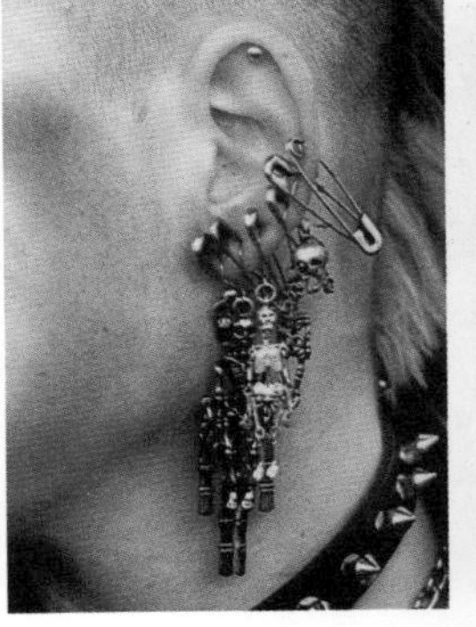

图2-55　朋克式首饰

第三章
珠宝首饰的设计原理

珠宝首饰设计是一种人造美饰的行为活动，设计师艺术修养的高低决定了珠宝首饰设计是否美观，而珠宝首饰设计的美不是简单的模仿和照搬，而是创造艺术的体现，设计过程中需要考虑到诸多因素，如材料选择与运用、结构与形态设计、色彩与光影效果、符号与文化寓意、功能与实用性以及工艺与制作实现等，所以珠宝首饰设计的美是艺术与实用的统一、艺术与技术的结合、形象思维与抽象思维的交融。

珠宝首饰是具有装饰和使用作用的，在设计的过程中不能一味地将元素进行叠加、摆设，而是要通过一些设计的基础知识和技巧，将多种元素巧妙地结合起来，以获得实用和美观的多元化装饰效果。

第一节　珠宝首饰设计的构成艺术

珠宝首饰设计是一门结合艺术、设计、工艺和材料科学的综合学科。从理论上来说，它包含了美学、哲学、建筑学、几何学等多个科学领域知识。在技术上，它包含了珠宝材料、珠宝的加工工艺、设计师与时俱进的设计理念和高度的艺术修养。所以，设计一件优秀的珠宝首饰作品，除了要掌握珠宝首饰设计的设计方法外，还需要有文化内涵作为设计的基础，才能不断满足人们对首饰审美的需求和艺术享受。

一、珠宝首饰设计的构成要素

如果说音乐是通过音符的选择和排列组合来表现或激起人们内心情感的艺术，那么珠宝首饰设计则是通过对点、线、面的选择和组合来表现并激起人们视觉共鸣的一种艺术。

我们知道，自然界的物质千姿百态、丰富多彩，但它们的基本造型要素都离不开点、线、面。点虽表示“小”，但它集结起来也能表示实线、虚线、虚面或衬托其他形体。线富有方向感且富于变化，对动、静的表现力最强，是曲、直、粗、细、长、短的最佳体现方式，也是表达时间、空间的最佳依据。面与点对比，它具有巨大、整体的特征，也是点、线密集的最终转换形态，如三点之间、两线之间，都可构成面的感觉。而对于珠宝首饰设计来说，点、线、面的定义除几何学上的概念之外，更重要的是它们带给人们视觉上的审美意义。在珠宝首饰设计中，点、线、面不仅是造型要素，还是表现具体形象的工具手段。比如点能给人带来丰富的联想，如活跃感、生机感、韵律感等；线的不同形状给人的感觉往往截然不同，横线有平稳感，竖线有肃穆感，斜线有不稳定感，曲线有弹动感，交叉的线则给人带来一种繁复、紧张的感觉；面给人的视觉感受是单纯、概括、厚重。

1. 珠宝首饰设计中的点元素

在数学上，线与线相交的交点是点的位置。点不具有大小，只具有位置。在设计中，点是最小的元素。在几何学中，点被理解为没有长度、宽度或厚度，不占任何面积。但在造型上，点如果没有形，便无法作为视觉表现，所以造型上的点具有大小，当然也具有面积和形态。其形态有三角形或四角形，也可以是无规则的其他形状，但以圆形表示者居多。圆点具有位置与大小，而其他形态的点，除位置、大小外，还有方向性。

点在珠宝首饰设计中的使用相当广泛，简单的点有不同的寓意。看似单调的点经过排列组合运用在首饰上，则形态各异，简洁而唯美，是珠宝首饰设计造型风格非常不错的选择。点可以是单调的、有序的、大小不一的、错落的，如珍珠和钻石都是珠宝首饰中形态特殊的点。

（1）点元素在珠宝首饰设计中的作用。点的造型是没有固定形状的，是通过珠宝首饰中线、面的组合而定义点的形式。虽然在珠宝首饰中它只能是固定位置，但在珠宝首饰中起到的作用却非常重要，主要体现在装饰和点缀的作用。

①装饰的作用。点的装饰作用主要体现在具体图案装饰、抽象图案装饰，并且它与珠宝首饰中的线、面是结合在一起的，相互影响。

②点缀的作用。点的主要目的是起到画龙点睛之笔，在珠宝首饰造型中也可以拉开视觉的层次关系，因为在一件好的珠宝首饰设计作品中，要看到珠宝首饰的立体感和珠宝首饰的层次关系。

（2）点元素在珠宝首饰设计中的应用

①整齐划一，秩序的平衡感受。所谓秩序感，就是赋予作品统一性，而体现出作品的美感与冲击力，从而给人带来的一种稳重感、流畅感和规则感。

珠宝首饰设计中的一项重要原则是条理与反复。它们是构成秩序美的重要因素。所谓条理就是有组织、有规律地在设计中对画面进行概括整理；反复是指把相同、相似的形象有规律地重复排列。调整连续而反复排列的单元个体会产生如音乐节奏一样的律动感，能使单调的形式和色彩产生变化而变得缤纷，例如我们所接触的二方连续、四方连续。

例如爱马仕（Hermes）品牌的这副耳钉将钻石作为点元素融入作品中（图3-1）。整体造型装饰简洁、醒目，将不同形态的“点”等间距地排列，应用到了耳钉的装饰中，把一种完整的秩序美感呈现在了人们的面前。

图3-2中设计作品的造型是将花朵作为点元素，将花从小到大有序地排列，在视觉效果上有一种延伸感。这种造型的项链可以在视觉上修饰佩戴者的颈部。

图3-1 爱马仕耳钉

图 3-2　珠宝设计中有秩序的点元素（张漫琪绘制）

② 自然分散，多变的视觉感受。如果说整齐划一如同节奏感很强的打击乐，那么散点构成就是旋律优美的轻音乐。散点构成简而有序，散而不乱，活泼多变。设计师看似随性而为，实则已在不露声色中营造出了视觉美感。

图 3-3 中的设计作品采用了散点构成的视觉方法。设计师似乎是漫不经心地将珍珠散乱地排列在桌面上，但从排列的疏密聚散、色彩的协调搭配中，均可以感到是经过设计师精密计算的。作品以球形的点构成为主，大大小小的单元个体有序地排列，比例有松有紧，从点到线，合理地将珍珠的优雅含蓄与金属的坚韧感相结合，无不透着华美。

图 3-3　珠宝首饰设计中分散的点元素

③ 点的聚集，夺目的视觉感受。点的聚集在珠宝首饰设计造型中具有争取位置、避免被他形同化的性质，并起到视觉的强调作用，让人们感受到它的内部具有膨胀和扩散的潜能。经过编排且密集成群的点，会对珠宝造型产生更明显和丰富的作用和影响。

图 3-4 的设计作品中，我们可以感受到点的聚集在视觉上带来的强烈冲击力，能让人留下深刻的印象。这种表现形式一般能很明显地突出设计作品的设计风格。

图 3-4　珠宝首饰设计中点的聚集

2. 珠宝首饰设计中的线元素

在珠宝首饰设计中，线是最基本、最重要的元素之一。线具有引人入胜的表达能力，它可以展示出形式、结构、动感等特征，同时又能够传递深层次的情感和意义。设计师可以利用线的形态、质感、方向等特点，创造出丰富多样的视觉效果。

线是点密集排列形成的轨迹，是极薄的平面相互接触的结果，而曲面相交则形成曲线。在设计中，线是点运动产生的，它最活跃、最富有个性、最易于变化。在造型上，线具有位置、长度、粗细、浓淡、方向性等性质。

线在风格上可以像飞舞的飘带，或婉转、或优雅，也可以像有规律的几何形，或静止、或庄重；在材质表现上可以是狂乱的金属丝、冷峻的链条、精美的织物。不管是何种风格、何类材质，设计中可以将不同情感的各种线条相互搭配，使珠宝首饰产生丰富的节奏与韵律。

线又可分为直线与曲线：直线表示冷淡、坚强或宁静；曲线则表示不安和动感。线条在珠宝首饰设计中具有至关重要的作用。一般常用的直线有平行直线、放射线、折线和交叉线；常用的曲线有平行波浪线、弧线、同心圆线、椭圆线、心形线和花瓣形线等。

古典的珠宝首饰多以曲线构造，但随着包豪斯思想的深入人心，直线元素在现代珠宝首饰中得到了很大的发展，在现代珠宝首饰中越来越受到了人们的推崇。直线在珠宝首饰设计中可细化分为垂直线、水平线、倾斜线、折线，并给人带来不同的心理感受：垂直线和水平线给人以稳定感；倾斜线是通过将直线进行不同程度的倾斜而形成的，给人失衡、跃动、放射、交叉、穿插的运动感，在珠宝首饰设计中可使形态充满活力；折线即直线的角度性折回，给人以敏感、焦虑、不安定、躁动之感，是一种感情更丰富且较为个性化的表现手法，用在珠宝首饰中通常能给人带来独特的视觉感受（图 3-5）。

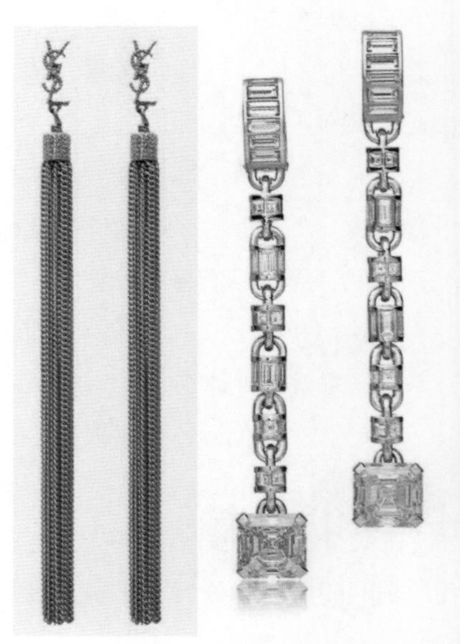

图 3-5　直线型耳钉

曲线具有丰富的弹性和变化，给人以柔软、韵律的美感，在珠宝首饰设计中更加贴合人体的形态。与直线相比，曲线更倾向于女性化的特征。各种形态的曲线给人以圆滑、柔和、委婉、浪漫之感，具体形态可细分为几何曲线和自由曲线。几何曲线是指由尺子或圆规所绘制而成的曲线，相比自由曲线具有一定的秩序性和规律性，具有中心点，相对平稳和对称。自由曲线是线条通过自由扭曲形成的，不受中心点的控制，形态丰富多变，用在珠宝首饰设计中能更加丰富珠宝首饰的艺术表现力，增加灵动和活跃（图 3-6）。

（1）线元素在珠宝首饰设计中的作用

①结构的设计。线条可以帮助设计师表达形态和结构。通过线条的长度、方向、弯曲程度

等，设计师可以准确地描绘出物体的轮廓和比例，呈现出立体感和空间感。线的排列和连接也能够定义出珠宝首饰的结构和组织方式。

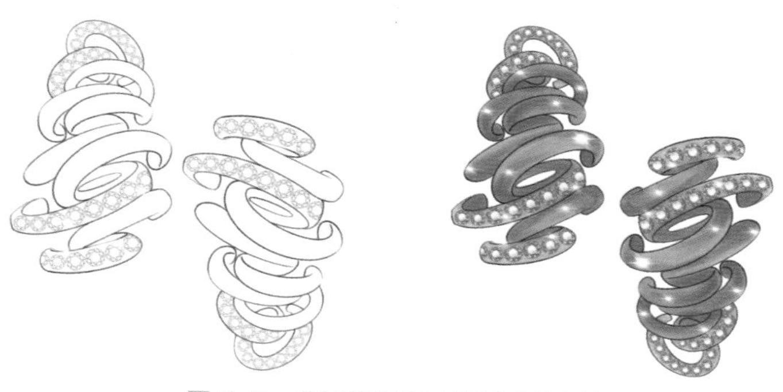

图 3-6 曲线型耳钉（张漫琪绘制）

② 情感的传递。线条能够传达情感和氛围。不同形态的线条会激发佩戴者不同的情绪和感受。和谐的线条形态能够传递出平和、温暖和安详等积极的情感，而紧张的线条则能够表达冲突、紧迫或激烈的情感。线条的形态变化还能够创造出神秘、迷离、动感等不同的氛围，为作品注入特定的情绪色彩。

③ 风格的塑造。线条具有强大的塑造力，珠宝首饰设计师可以通过形态、长度、方向和弯曲程度等方面的变化来创造个性化的珠宝首饰作品。具体可以根据自己的创作意图和主题选择合适的线条形态，通过线条的独特组合和变化而打造与众不同的珠宝首饰作品。

（2）线元素在珠宝首饰设计中的应用

① 重复与变化。线通过其重复和变化的节奏来影响作品的整体感觉。重复的线条可以创造出有规律的节奏感，给人以稳定和统一的感觉；变化的线条可以创造出多样性和变化性，增加作品的趣味性和张力。设计师可以运用线条的重复和变化，使作品更富有魅力和视觉效果（图 3-7）。

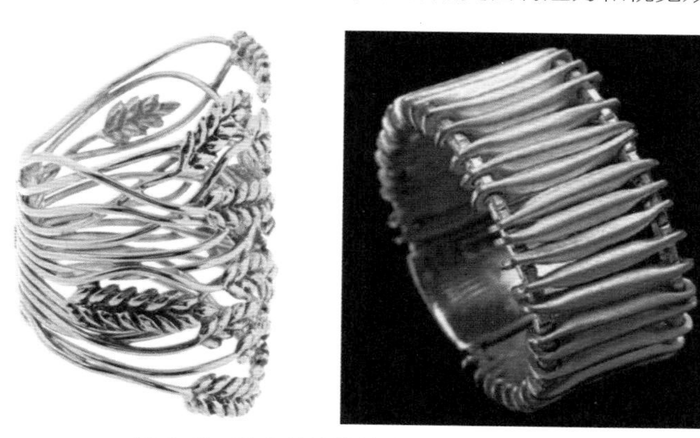

图 3-7 珠宝首饰设计中重复与变化的线

② 长短与粗细。线还可以通过其长度、粗细和形态来影响作品的比例关系。长而笔直的线条可以延伸画面，创造出开阔和广袤的感觉；短而弯曲的线条则可以强调局部，突出细节和重

点。设计师可以巧妙地运用线条的比例关系，控制画面的透视和空间感，使作品更加丰富和有层次感（图3-8、图3-9）。

图3-8　珠宝首饰设计中不同长短、粗细的线

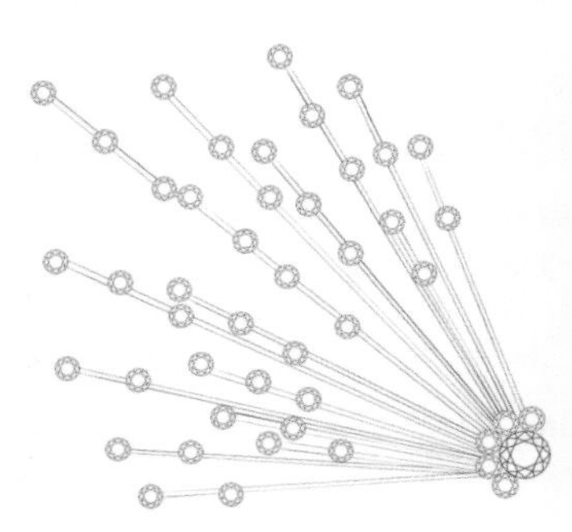
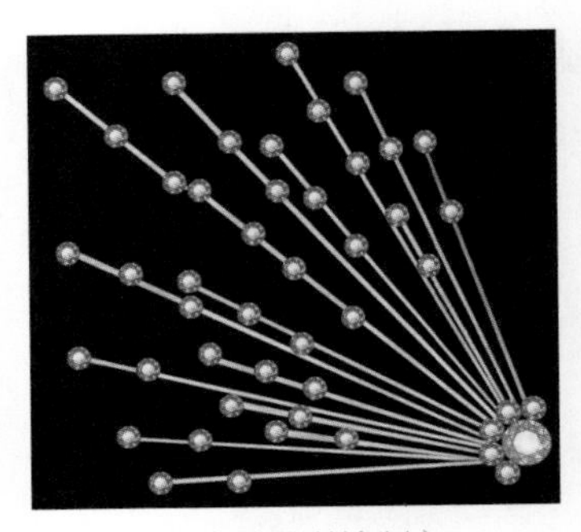

图3-9　珠宝首饰设计中不同长短的线（张漫琪绘制）

3. 珠宝首饰设计中的面元素

面是线的移动轨迹，也可以是多个点密集排列而成。面是构成空间立体的基础之一，可以构成千变万化的空间形态。面具有面积感和体量感，在珠宝首饰设计元素中非常重要。

垂直线平行移动为方形；直线回转移动为圆形；斜直线平行移动为菱形；以直线的一端为中心，进行半圆形移动为扇形；直线和曲线结合运动形成不规则形；直线做波形移动会产生旗帜飘扬的形状等。面给人的最重要的感觉是由于面积而形成的视觉上的充实感。在珠宝首饰设计中，应注意把握不同形态的面，因其具备不同的特性，带给人们视觉和心理上不同的感觉。例如：方形的面给人以安定的感觉；圆形的面给人以圆润、丰富的感觉；自由形的面会给人以多变、神秘的感觉。另外，在珠宝首饰设计中也可运用面的群化特性，令多个不同的面相叠加产生层次感，丰富作品的内涵。

在珠宝首饰设计中常用的面包括：由直线组合或几何曲线圈成的几何面（图3-10），它表现单纯、明快、简洁，但带有冰冷机械感；由生命活动或偶然性构成的非几何形面，它能表现出生动变化、亲切动人的丰富情感，但比较繁杂，加工性差。

由于点、线、面构成具有科学性、时代性、生动性，所以在珠宝首饰设计中，以点定位，以线分割，以面布局的造型法便具有普遍意义和应用价值。就是这个看似老生常谈的“点、线、面”，它像一套永不过时的工具，会随着珠宝首饰设计概念的更新而推陈出新，带来不同凡响的结果，并且最终将引导人们审美趣味的提升。

例如设计师宋菁的作品《鸟窝的启示》，是一枚利用点、线、面的这些特点设计的18K黄金双色多功能胸针（当中的“银蛋”可取下作为耳饰佩戴），正是运用了点、线、面的不同个性，在设计中进行有机组合，直线和散点的无数重叠、穿插、发射，形成一个金丝巢，簇拥着璀璨的银蛋。整个造型充满了张力，突出了主题，展示鸟类对将要出生的小生命的关爱，随时准备抵御外界的侵犯。它启示人们，任何动物都有保护自己孩子的本能。这款《鸟窝的启示》以其独特的艺术形态给人留下了深刻的印象（图3-11）。

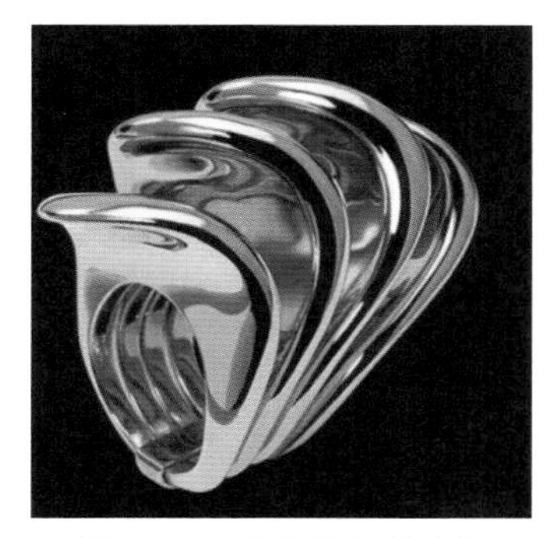

图3-10　几何曲面的戒指

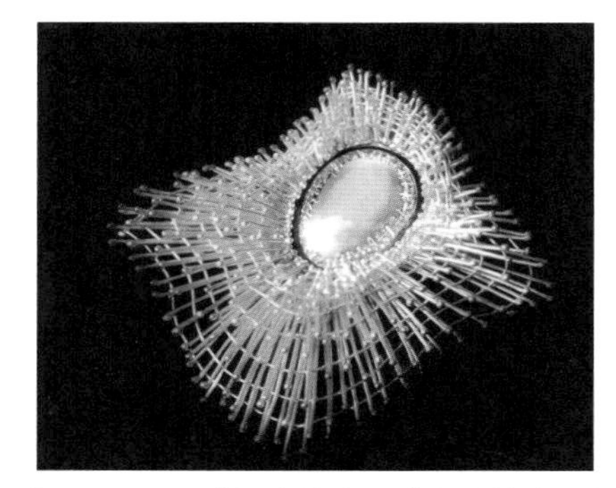

图3-11　设计师宋菁作品《鸟窝的启示》

我们知道，不同形式的点、线、面组合能够反映不同的运动规律和不同的事物个性，这在1989年荣获“中国香港足金首饰设计比赛”优胜奖的胸针《柠檬》中得到了明证。《柠檬》的设计灵感来自一片柠檬，而其造型语言则来自点、线、面。设计师把物象简化到只保留轮廓线，通过金属丝的互相穿插、疏密安排，以及金属面的统一协调，赋予作品一种纯朴、丰满、温和的特点，而将大、小珠状物置于这交叉的线型之中，又起到了突变、活跃的作用。整件作品动中有静，静中又孕育着勃勃的生机，构成了不同于原始素材的微妙的视觉感受和寓意。试想在《柠檬》的设计中，如没有当中那些点的配合，就只是一团杂乱无章的线，是点赋予了这团线新的意义（图3-12）。

图3-12　设计师宋菁作品《柠檬》

二、珠宝首饰设计中的肌理与质感

珠宝首饰表面的肌理形式在现代设计中越来越重要，并与其他设计学科有着密切联系。珠宝首饰表面的肌理存在形式多种多样，表现方式也丰富多彩。在设计中，我们应重视珠宝首饰表面处理的技术与艺术给佩戴者所带来的情感意义，以及佩戴者如何更好地通过自身审美观念去诠释它。

1. 肌理的概念

肌理是艺术品通过工艺与设计相结合而形成的表面质感，表面的处理所形成的质感肌理能够表达人们对设计物表面纹理特征的感受。一般来说，肌理与质感含义相近，对设计的形式因素来说，当肌理与质感相联系时，它一方面是作为材料的表现形式而被人们所感受，另一方面则体现在通过先进的工艺手法，创造新的肌理形态。不同的材质、不同的工艺手法可以产生各种不同的肌理效果，并能创造出丰富的外在造型形式。多少个世纪以来，艺术家通过对某种工艺与设计的选择与使用来决定一件艺术品的表面处理形式，形成各种规则与不规则、平滑与粗糙等肌理状态，创造出丰富的外在造型。

2. 肌理的分类

肌理是工艺与设计相结合的艺术结晶，是设计师依据自己的审美观点和对物象特质的感受，利用不同的物质材料，使用不同的工艺和设计创造出的作品表面所呈现的组织结构与纹理。任何设计作品经过不同的工艺都会表现出不同的纹理特性，这种特性所呈现出的变化，表现出千姿百态的肌理效果。肌理在珠宝首饰艺术中所呈现的艺术价值与商业价值是驱使消费者购买的重要原因之一。

（1）根据肌理的物理表象可将其分为视觉肌理和触觉肌理。视觉肌理主要表现在纹理形状的构成状态、色彩感觉等视觉因素给人带来的心理感觉上；触觉肌理主要体现在质感表现、疏松坚实、舒展紧密等触觉因素带来的生理和心理感觉上。在作品的实际表现中，视觉肌理和触觉肌理的区分并不是绝对的，二者之间因存在于同一状态之中所形成的潜在联系，无论从生理上还是心理上都共同影响着人们对作品肌理存在状态的认识。所以，不同作品的外在形态、构成状态以及视觉知觉等特征都是珠宝首饰设计通过运用不同的工艺表现出的肌理效果。

（2）根据物质本身形成的不同可分为自然肌理和再造肌理。所谓自然肌理是指物质本身天然形成的肌理，是物体自身的内在结构与组成等物理特性决定的，其形态丰富多样。不同的肌理给人以不同的视觉感受，这些物体包括木、石、动物的羽毛等天然物，也包括玻璃、塑料、金属、亚力克等人造物质。再造肌理是由人为地设计、制作的，不同于物质天然形成的肌理，例如金属经过捶打、錾刻等方式形成的新的再造肌理。

自然肌理的形成与时间有一定关系，因此，同一种物体的自然肌理在自然界中的形式是不断变化的，例如树木的年轮随着时间的流逝所形成的变化。自然肌理和再造肌理实际上是按物质本身形成的不同来区分肌理的，而不是按肌理的形成本身来区分的。这种区分可以给设计师提供了一个很好的理论出发点，有助于设计师通过设计结合工艺更好地去创造，去设计，去满足消费者日新月异的消费需求。

3. 肌理的状态

肌理的最终存在状态可以从肌理存在的构成形式、肌理的表现技法两方面理解。

（1）肌理存在的构成形式，即作品的设计表现形式，可以从基本肌理的组织构成和再造肌理的组织构成两方面理解。基本肌理的组织构成是构成肌理形态的元素，是一种形式存在的前提。再造肌理的组织结构是对基本肌理单元的制作设计方式，是一种肌理构成创造的方式。一件作品要形成肌理，需要大量的基本肌理单元以某种特定方式分布于物体表面。肌理效果作为表现语言的重要形式，其存在并不直接影响设计作品的优劣，但合理地利用表面肌理效果，可以使设计作品更完美、和谐，内涵更丰富，更深刻。

（2）肌理的表现技法，即肌理的最终存在的表面质感是通过不同的工艺而实现的。中国珠宝首饰表面工艺历史悠久，品种繁多，技艺精湛，风格独特，是中华民族璀璨的瑰宝，从最早的锤揲工艺，到现在品类繁多的金属打磨、抛光、着色技术，都是中华民族在珠宝首饰艺术上取得的伟大成就。在现代珠宝首饰设计和制作中，大多数设计师都对锤揲工艺进行了简化，主要运用简单的锤击作用在金属表面留下的痕迹，用以反衬金属粗犷、强悍的一面。所以，大部分采用锤揲工艺的珠宝首饰作品或多或少地都保持一定程度的粗糙感、凹凸感、沧桑感，保持了传统手工艺的“手工”部分。珠宝首饰是小型的造型艺术，在现代，珠宝首饰更加追求工艺效果，单纯的锤揲已经满足不了现代人对珠宝首饰的审美需求。因此，现代珠宝首饰设计师在此基础上添加新的表现形式，例如蚀刻、抛光等现代方法，使锤揲工艺有了新的发展方向，同时，使锤揲工艺的手工痕迹表现出拙朴、亲切的质感。

随着时代不同，对工艺效果和视觉效果的需求不断增加，首饰肌理发生了质的变化。在当代珠宝首饰设计作品中，设计师通过对珠宝首饰表面进行不同工艺的处理，运用不同形式的构成表现方法，使珠宝首饰肌理的表现形式多种多样。

4. 肌理的感官感受

在设计中，肌理被设计师所创造、所选择，被赋予了某一种特定的表征和涵义，成为设计师表达自己艺术观念的语言。肌理的不确定性及可变性使设计作品更具魅力。但凡不确定的事物都容易给人以联想的空间，如熔融法生成的烧皱肌理由于不同材料的物理属性，使其形成的表面肌理各不相同，时间、温度、技艺等变幻和不确定性因素凝固在设计作品中，形成未知的感人的视觉力量。

肌理的效果所形成的审美过程也是对设计师的心理、情绪、思想的解读过程，同时也是审美者的参与过程。如铸造工艺与锻造工艺，前者通过熔化金属到铸型中，来传达表现各种人文的情怀。

肌理是可以通过触觉或视觉感知到的一种观感感受。肌理贯穿着我们的整个生活。所以，我们需要以一种可发展的观念去看待肌理的存在，通过这种观念来影响并指导我们把珠宝首饰表面处理的技术与艺术统一运用到设计创造中去。

5. 肌理工艺的分类

珠宝首饰表面处理的工艺并不是单独存在的，它必须依托于珠宝首饰设计。工艺是设计的载体，是为设计服务的。在探索珠宝首饰表面处理工艺与现代珠宝首饰设计的结合上，肌理是二者的表现形式，如何创造更多的肌理表现形式，满足人们的价值需要，是设计师最需要考虑的。

珠宝首饰表面处理工艺并不是单纯的技艺，它包含了很多内容，只有在了解、熟悉珠宝首饰表面处理工艺的基础上，才能以“设计”的形式展现出“工艺”的造诣。历史上出现的许多珠宝首饰表面处理工艺有的一直沿用到现在，例如铸造工艺、锤揲工艺、编织工艺等。这些都与珠宝首饰表面处理工艺本身的特性有关。珠宝首饰表面处理工艺与社会观念、大众审美有着千丝万缕的联系。

（1）錾花工艺。錾花工艺的制作原理就是利用錾子在金属板上敲打出各种高低凹凸不平的装饰图案的肌理效果。根据錾子的大小、粗细、形状，錾子大致分为五种：刻线錾子、圆顶錾子、整平和压光用錾子、做麻面或专做背景效果的錾子、窝錾。錾子是制作不同錾花工艺的主要工具，不同种类的錾子，因其不同的大小、粗细以及錾子在金属板上的造型各不相同的排列方式都将产生不同的肌理效果。在设计图稿确定以后，设计师要想达到预期的成品效果，必须选择正确的工具。錾花工艺可以通过点、线、面实现珠宝首饰表面肌理的形式（图 3–13）。

图 3–13　錾花工艺　金手镯

图 3–14　锻造、锤痕工艺　手镯

（2）锻造与锤痕。锻造的原理就是使用通过退火的方式，使金属变软，然后通过锻打的方式将金属锻造成各种形态。也可以通过锻打在金属表面制作各种肌理效果，如方形、圆形线条等各种锤痕。在金属锻造成型的过程中会不断地留下各种锤痕，根据用力的不同，其大小有所变化。如图 3–14 所示，手镯表面肌理通过锻造锤痕表现出抽象的露珠的千姿百态，引申出世界万物永不相同的含义。

（3）抛光。抛光是利用机器或手工，使用研磨材料（氧化硅、石英砂和氧化铝的混合物）将金属表面磨光，有压光、磨光、镜面、丝光、喷砂等效果。

①压光。压光是使用压片机在金属片表面获得平滑、粗糙等肌理的工艺。压片机本身的肌理效果可以留在金属片上。另外，还可以运用压片机在金属片上拓印其他材质的肌理，如砂纸、布料、干枯的树叶、铁丝网等。以布料肌理为例，方法是首先将金属片退火，然后将适当粗细的布料放于金属片面上，一同通过压片机，使布料的肌理留在金属表面。

②镜面。镜面是使用抛光轮和抛光蜡在金属表面高速摩擦，获得光亮镜面的工艺。抛光轮有硬质和软质的，如布轮、棉轮、绒轮等，抛光蜡也有从粗到细几种，每种以不同颜色分开，粗的抛光蜡对应使用硬的抛光轮。抛光过程可以分为预抛光和精抛光。预抛光使用粗的抛光蜡、硬的抛光轮去除表面较粗的磨痕；精抛光使用细抛光蜡和绒轮去除预抛光过程中留下来的痕迹，使金属表面光亮如镜。

③丝光。丝光是利用硬质金属丝对金属表面进行定向打磨获得丝纹和缎面效果的方法。金属丝抛光轮分为极细、细、粗几种。使用细的抛光轮可以得到缎面的效果，粗的抛光轮可以得到丝纹效果。采用丝光工艺制作的肌理比较适合搭配素面宝石（图3-15）。

图3-15　镜面、丝光工艺　戒指

④喷砂。喷砂是用硬质粉末（矿物、金属等）经加压形成冲击流，打击金属表面，形成砂质表面的方法。喷砂分为干喷砂和细喷砂，干喷砂表面较粗糙，效果粗犷，细喷砂较为细腻，有一种朦胧的效果。在喷砂过程中可用透明胶等材料遮住不需喷砂的部位，使表面肌理整体效果更加丰富（图3-16）。

图3-16　喷砂工艺　戒指

（4）划痕。划痕是用硬质刻刀或电动刻刀在金属表面刻出需要的肌理的方法。当然，还可以使用各种型号和形状的电机钻针在金属表面钻孔和打磨。根据形状的不同，钻针有伞针、桃针、飞轮圆錾、狼牙棒等不同类型，用于进行划痕处理。

（5）腐蚀。腐蚀的工艺原理就是使用化学酸对金属表面进行腐蚀，可以获得斑驳效果，肌理效果非常自然。在腐蚀之前，通过使用抗腐蚀油漆、液态沥青作为保护剂覆盖于金属表面不需要腐蚀的地方，当然也可以完全覆盖金属表面后再用针刻透油漆；如果使用的抗腐蚀油漆是软漆，还可以用工具压出线条，或者将树皮、树叶、纺织物等放在软漆上，再盖上一张厚纸板，用力挤压，将树皮等的肌理印在漆上，然后用针把蜡纸、树皮等挑去。金属板的背面和四周也需要覆盖上漆料，或者用不干胶贴住不用腐蚀的部分，四周再涂上沥青固定。待漆或沥青干后，将金属板小心放入酸中，需要腐蚀的一面向上。

金属首饰的表面肌理经过腐蚀后，可以进行精细抛光、做旧处理，也可以填烧珐琅或镶嵌金属（图3-17）。

（6）烧皱。烧皱是用焊炬把金属表面熔烧成波浪起伏状的肌理的方法。烧皱的工艺原理是：当一片金属的一面被加热至熔化的时候，另一面因为导热的原因开始变软，此时让它冷却，变软的这面就会往中心收缩，已烧熔的那面冷却得略慢（温度不等，不能同步），因此产生褶皱的肌理效果。

图3-17　腐蚀工艺　手镯

烧皱工艺最适用于白银首饰的制作。标准银比较容易做出褶皱，效果最好的是830银，即83份银、13份铜的合金。

珠宝首饰设计中不同材料表面肌理的工艺与设计有着紧密联系，不同的肌理形成是珠宝首饰设计师通过工艺与设计创造出来的。珠宝首饰的表面技术不能仅仅停留在工艺的制作方法中，只有同设计相结合才能使肌理的表现更加千姿百态。古老的工艺需要发展，设计理念需要创新。只有不断发展已有的工艺，并使每一种工艺都服务于创新的设计，珠宝首饰才能更好地服务于消费者，满足人们日益提高的审美要求。

（7）粒化。粒化，又称为“造粒”或“制造小金珠”，是指把金的小球粒固定在金属首饰表面以达到装饰目的的工艺。这些小球粒可集中分布在金属首饰的某个区域，也可沿金属首饰的边沿呈线形分布（图3-18）。

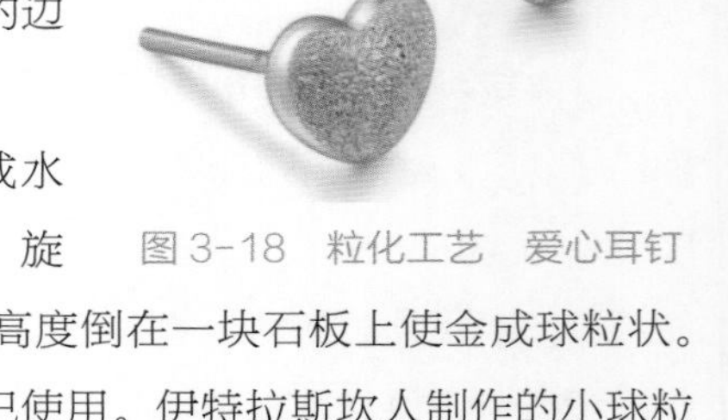

图3-18　粒化工艺　爱心耳钉

制作小球粒的方法是，把熔融的金倒入水中，使金形成水滴状颗粒，或是把切出的小金块放在木炭制的坩埚内加热、旋转，使金熔成球粒状。更新近的方法是，把熔融的金从一定高度倒在一块石板上使金成球粒状。粒化是一项古老的工艺，公元前两千多年在东地中海地区就已使用。伊特拉斯坎人制作的小球粒的直径仅0.25～0.14mm，当时是把小金珠焊到金属首饰表面。目前的做法是在炽热状态下用树脂黏结，树脂中的焦油有很强的黏结性能。

三、形式美在珠宝首饰设计中的应用

作为美学理论中的一个专业名词“形式美”，指的是客观事物和艺术形象在形式上美的表现，也指涉及社会生活、自然中各种形式因素（线条、形体、色彩、声音、灯）的有机组合。珠宝首饰本身就带有形式主义，它不同于广告设计、书籍设计需要向观众传达一种强烈的信息内容，珠宝首饰佩戴在人身体上只是单纯为了美观、给佩戴者与观赏者一种审美感受。所以，珠宝首饰设计中的形式美是直观的，是把握珠宝首饰具有观赏性的关键。珠宝首饰设计的形式美法则是多样的，主要有以下几种表现方式。

1.统一与多样

在设计的过程中，如何将所有的设计元素和谐有序地组织在一个作品中，是设计师首先要考虑的。因此，设计师就好像作曲家一样，将各种高、低不同的音符和旋律有秩序地排列起来，组成一首悦耳的曲子。可以说，统一性与多样性，或者说整体与局部的关系是所有设计原则中最基本的一项。统一性是考虑如何将所有的局部组成一个协调的整体，在视觉上形成有秩序而非杂乱无章的组合，并在整体协调的同时不消灭局部关系的丰富性。

多样性运用得当会带来恰当的对比关系，如细腻与粗糙、庞大与微小、深与浅、曲与直等，但是它如果缺乏整体协调则会变得杂乱无章，如同一段话当中夹杂了多种语言，让人摸不着头脑。所以好的设计要做到整体中有局部、统一中有变化。统一而没有变化容易了无生趣，变化而无统一则是混乱无序。设计师对变化中的各种元素要有非常高的把握能力（图 3-19）。

图 3-19　统一与多样效果项链

2. 对比与协调

对比是指把质量、造型、色彩反差比较大的两个或两个以上的元素配合在一起，通过不同元素之间差异性的强调和统一性的结合来达到视觉效果的平衡。

（1）色彩的对比。色彩可因色相、明度、饱和度的不同而产生对比。需要注意的是：在对比中一定不能乱，对色彩和形状要整体把握，要在整体里寻求对比。对比过于强烈，会产生混乱的、让人不舒服的“噪声”。色彩的对比中常采用同类色的深浅对比。而运用对比色时，如红与绿、蓝与黄等，则很容易产生强烈的视觉冲击力，这种情况一定要协调好各种色彩的比例（图 3-20）。

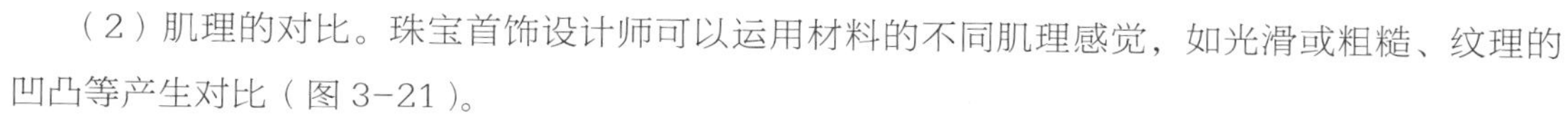

（2）肌理的对比。珠宝首饰设计师可以运用材料的不同肌理感觉，如光滑或粗糙、纹理的凹凸等产生对比（图 3-21）。

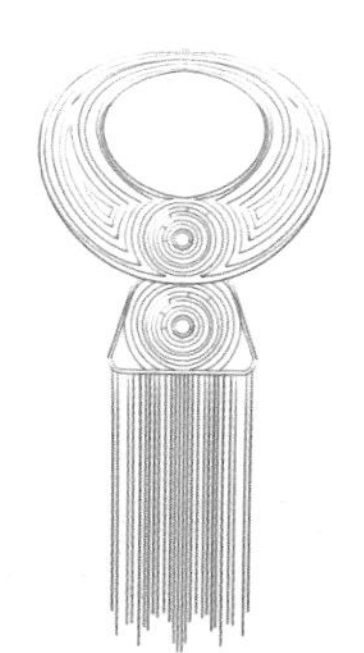

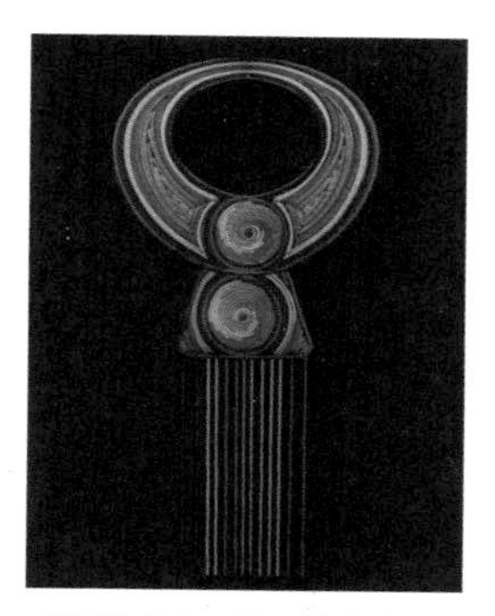

图 3-20　色彩对比效果　项圈（李璐如绘制）

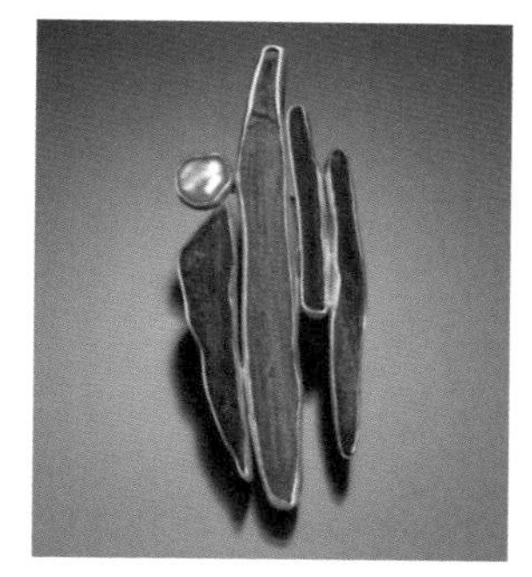

图 3-21　肌理对比效果戒指

（3）空间虚实的对比。珠宝首饰设计常使用正负、图底、远近及前后感产生对比。设计中有实感的图形称之为实，空间是虚，虚的地方大多是底（图 3-22）。

图 3-22　空间虚实对比效果戒指

3. 比例与尺度

比例是指造型各部分之间的尺寸关系。部分与部分之间、部分与整体之间、整体的纵向与横向之间等相互之间尺寸上的变化对照，都存在着比例。适度的尺寸变化可以产生美感。例如比较典型的“黄金比例”亦称黄金分割率（简称黄金率黄金比），具体比值约为 1.618 ∶ 1 或 1 ∶ 0.618。黄金比最早是由古代希腊人发现的，直到 19 世纪被欧洲人认为是最美、最协调的比例。尤其在工艺美术和工业设计的长和宽的比例中容易引起美感，故称为黄金分割。

4. 对称与平衡

一条轴线两侧的形状以等量、等形、等矩、反向的条件相互对应存在的方式，就是最直观、最单纯、最典型的对称。自然界中许多植物、动物都具有对称的外观形式。平衡指布局上的等量不等形。平衡有两种形式：对称平衡与不对称平衡。对称与平衡是互为联系的两个方面，对称能产生平衡感，而平衡又包括对称的因素在内。

对称是指上下、左右或四周具有相同的质与量的排列，给人以庄重、平等感。平衡是一种需要，它给人带来安全感、稳定感，失去平衡人们就容易产生焦虑。平衡分很多种，比如水平平衡、垂直平衡、放射平衡等（图 3-23）。

图 3-23　对称与平衡效果项链

5. 重复与韵律

重复是指同一形向上下、左右或周围重复排列组合。重复产生一种节奏感，而节奏是一种有规律的运动。重复的规律有许多种，例如图案设计中的二方连续、四方连续等。设计中的节奏就好像一首交响乐，有低缓的旋律，也有高亢、欢快的旋律，当有高低、长短、快慢等对比时就会产生优美的节奏感。图 3-24 是一款有重复与韵律效果的手镯。

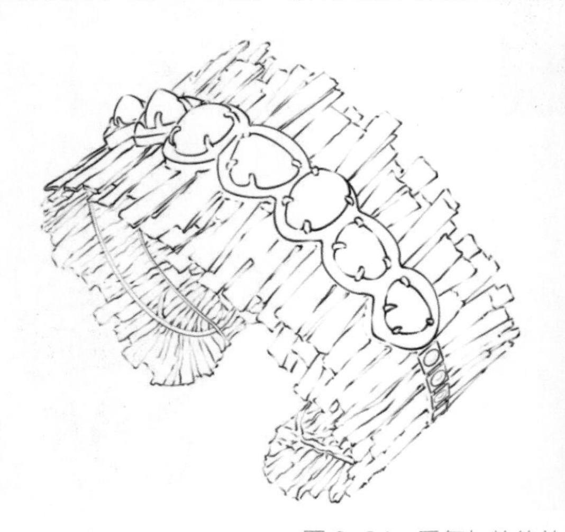

图 3-24　重复与韵律效果　手镯（张漫琪绘制）

第二节　珠宝首饰设计的色彩基础

印度诗人泰戈尔曾说“美丽的东西都是有色彩的”。色彩是传达个性、展现风格的重要元素。珠宝首饰设计的要素包括色彩、造型、工艺及材质，色彩在其中是至关重要的环节。色彩的本质是由可见光通过物体反射进入眼睛形成的所能看见的各类颜色。色彩造就了美丽的世界，珠宝首饰上璀璨夺目的色彩更是刺激了设计师的设计灵感，拓展了珠宝首饰的设计范围，最终丰富了人们的视觉。色彩跨越了地域、民族、国家、文化和个性的差异而独立存在，但不管是在哪个设计领域，色彩都需要在设计中遵循一定美学规律法则，珠宝首饰设计也不例外。

一、珠宝首饰设计中的冷色调和暖色调

色彩的冷、暖色调是指在设计当中，通过色彩的呈现为受众带来视觉上的刺激，使人产生或冷、或暖的视觉感受。通常情况下，我们可将绿色色调、青色色调和蓝色色调作为冷色，在设计的过程中，通过冷色调营造出一种清澈而又纯净的视觉效果；而红色色调、橙色色调和黄色色调通常情况下被定义为暖色，通过暖色调的运用能够获得温暖、浪漫、甜美等视觉效果。

暖色调和冷色调珠宝首饰设计作品分别如图 3-25 和图 3-26 所示。

图 3-25　暖色调珠宝首饰设计作品

图 3-26　冷色调珠宝首饰设计作品

二、珠宝首饰设计中色彩的对比

色彩对比可以是色相对比、明度对比、冷暖对比、面积对比乃至综合对比，对比感是色彩统一与变化的具体实现。设计多组对比时，更要在对比差异中体现宾主和强弱。当色彩冲突造成强烈对比时，调和可以降低对比度，进而达到设计的需要。如何把握调和的程度，通过协调色彩之间的对比矛盾实现和谐的视觉和心理感受，需要根据珠宝首饰的设计风格来定。在通常的珠宝首饰设计中特别是彩宝首饰镶嵌设计中，当色彩对比效果非常强烈、生硬时，可以设计加入另外一种添加色，以色彩的面积形态或色调感受来协调冲突，从而调和色彩的整体效果，加强首饰整体效果。另外，在珠宝首饰设计中，因色彩搭配太丰富而混乱的时候，可利用黑、白、金或银等中性色划分珠宝首饰的形状，明确强调各个色块区域，使珠宝首饰形态呈现出更加清晰明朗的状态。对于各种色彩调和的手段如近似调和、秩序调和、面积的调和等，要根据设计作品的需要灵活运用。

1. 色相的对比

色相的对比是用色彩搭配时明度和饱和度之间的差异形成对比，进行搭配的配色法。差异大可以使珠宝首饰设计中各自的色彩在视觉上达到醒目、强烈、振奋人心的视觉效果；差异小则给人一种柔和、淡雅的视觉效果，但要注意色彩最多不超过 3 种。

色相对比小和色相对比大的珠宝首饰设计作品分别如图 3-27 和图 3-28 所示。

图 3-27　色相对比小的耳环

图 3-28　色相对比大的耳环（张漫琪绘制）

2. 明度的对比

色彩的明度是指一种色彩的明暗程度。通常情况下，我们可以通过色彩的明度来判断色彩的轻重感。明度较高的色彩更加鲜亮、轻薄，因此更容易呈现出“轻”的视觉效果；而明度较低的色彩看上去更加沉稳、厚重，因此更容易营造出“重”的视觉效果。

高明度和低明度的珠宝首饰设计作品分别如图 3-29 和图 3-30 所示。

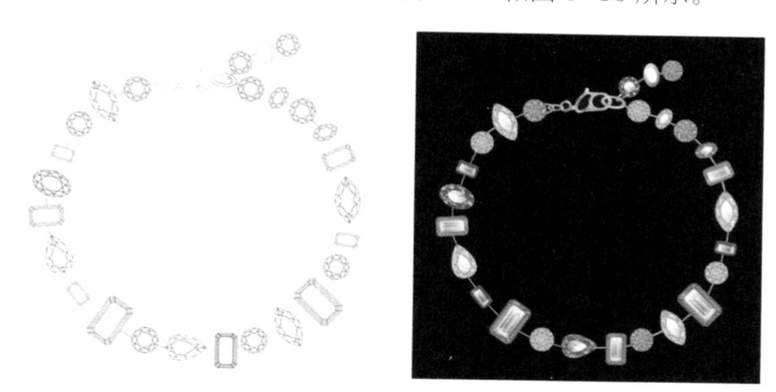

图 3-29　高明度的项链（张漫琪绘制）

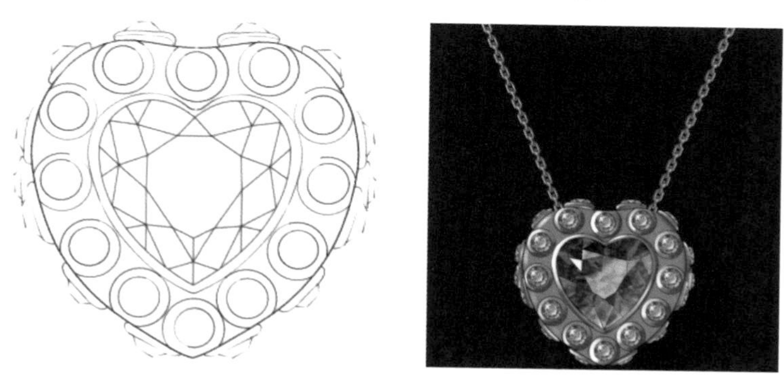

图 3-30　低明度的项链（李璐如绘制）

3. 面积的对比

在珠宝首饰设计中，面积的对比效果是相对而言的，所占面积较大的色彩更容易奠定元素的情感基调，掌控元素的主体风格；所占面积较小的色彩则能够起到点缀与装饰的作用，将视觉主题升华。面积对比的珠宝首饰设计作品如图 3-31 所示。

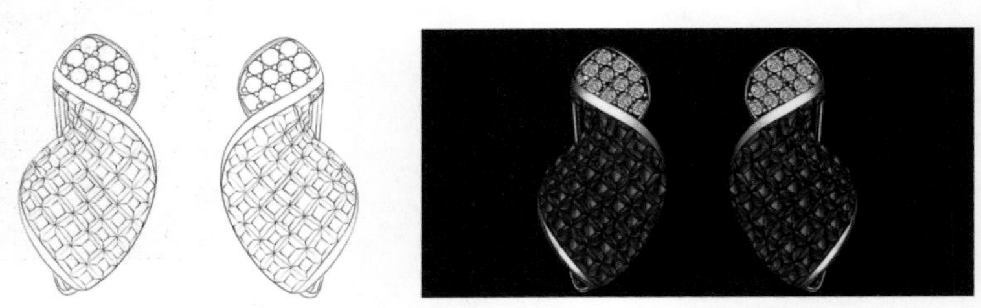

图 3-31　面积对比的珠宝首饰设计作品（李璐如绘制）

三、珠宝首饰设计中色彩的调和

珠宝首饰设计中色彩的调和是指多色配色时为取得整体的统一而用一个色调支配全体，使色彩达到和谐统一的配色方法，包括色相调和、明度调和、纯度调和等。当设计师把珠宝首饰整体的冷暖布局、材质的色相、质感大小疏密等要素一一处理组合，就形成了各种性质的对比，这些对比排列协调起来便形成了和谐的韵律。

在设计中，通过色彩有秩序的排列搭配、关联呼应等多种手段，能够让“静”态平面或空间传达出“动”的效果。在珠宝首饰设计中，常用的手法有连续、渐变、反复、交错等，以形成统一协调、富有韵味的完整节奏美感，许多珠宝首饰设计师都有意识地追求协调统一的首饰色彩表现效果。

1. 色相调和

色相调和是指在参加配色的各色中加入相同的色相，使整体的色调统一和谐（图 3-32）。

2. 明度调和

明度调和是指通过加白或加黑，使参加配色的各色明度相似（图 3-33）。

图 3-32　色相调和的珠宝首饰设计作品

图 3-33　明度调和的珠宝首饰设计作品

3. 纯度调和

纯度调和是指在参加配色的各色中加灰，使整个色调的纯度相似（图 3-34）。

珠宝首饰设计的色彩运用必须遵循色彩学原理，实现设计的基本美感。在任何设计领域，色彩理论的依据都是基于色彩学的普遍规律而来，都离不开色彩普遍原理的指导和支撑。在此基础上，我们把色彩的普遍原理运用到珠宝首饰设计领域，尝试探讨一些珠宝首饰特有的色彩表达方式，运用色彩手段把珠宝首饰的美推向更强效果。

图 3-34　纯度调和的珠宝首饰设计作品

第三节　珠宝首饰的工艺类别

珠宝首饰设计是设计师有目的、有思路、有规划的一种创意活动。在设计每一个珠宝首饰作品时，设计师通常都在主观意志基础上对艺术模型做出分析，然后借助工艺手段，赋予作品以形体、颜色、结构、纹理等美学要素，把设计师本人的思维和感情融入作品中。同时，珠宝首饰有着其自身的艺术美、材质美、做工美，这三者是相互统一、相互联系的，三者中任何一项的缺失都可能削弱珠宝首饰的整体美观效果。因此，要想珠宝首饰设计达到完美的艺术效果，就必须做到珠宝首饰设计和加工工艺之间的互相融通。

珠宝首饰的加工工艺是珠宝首饰设计的重要基石，设计师如果不掌握一定的珠宝首饰制造工艺，将很难设计良好的作品。设计师必须掌握的工艺技术包括金属首饰制作工艺和宝石琢型、宝石镶嵌工艺、镂空工艺等。对这些工艺技术的正确把握，往往需要设计师在设计过程中进一步地钻研和感悟。其次，因为设计师的创新思维通常离不开平时在工作中实践经验的积淀和工艺设计理论的升华，所以作为设计师也就更需要研究在首饰加工生产中，设计过程与加工工艺之间的有效结合。

一、金属首饰制作工艺

金属首饰制作工艺是一门结合艺术性和技术性的传统工艺，主要包括贵金属首饰加工工艺和宝石镶嵌工艺两大类。在这些工艺中，手工加工、机器加工和贵金属表面处理是最为核心的技术。

1. 手工加工工艺

手工加工工艺是最古老的珠宝首饰制作工艺，流传至今久盛不衰。欧洲人对私人定制的首饰最为青睐。手工加工工艺包括锤、锯、锉、钻、折弯、焊接、镶嵌和修饰等各项工艺。

2. 机器加工工艺

（1）失蜡浇铸工艺。失蜡浇铸是现今首饰行业中最主要的生产工艺，失蜡浇铸而成的珠宝首饰也成为当今珠宝首饰的主流产品。浇铸工艺适合凹凸明显的珠宝首饰形态，并且可以进行大批量的生产。

失蜡浇铸工艺的流程为：制作金属模型——压制胶模——注蜡模——植蜡树——灌制石膏模——铸件浇铸。

（2）冲压工艺。冲压工艺也称模冲、压花，是一种浮雕图案制造工艺。其步骤为：先根据一个母模制出一个模子，然后通过压力在金属上制出浮雕图案。冲压工艺的流程为：压印图案——成型（弯曲）——将各部件组装起来（通常用焊料）。

冲压工艺适用于底面凹凸的饰品，如小的锁片，或者起伏不明显、容易分两步或多步冲压成型或组合的物品。另外，极薄的部件和需要精致的细部图案的珠宝首饰也需要用冲压工艺加工。

冲压工艺有两种方式：一种是靠手工强烈撞击；另一种是用机械逐渐加压。冲压工艺常用于耳环、吊坠、戒环、镶托、金币、奖章及金属链等的制作。

（3）机链工艺。机链工艺是指用机械进行链饰品加工的方法。常见的威尼斯链、珠子链、回纹链等项链均由机械加工而成。机链工艺的流程为：拉丝——制链——焊接——表面处理——装配——清理。

机链工艺的特点是加工批量大、效率高、款式多、质量好。现今市场中的项链首饰几乎已被机制项链所占领。

3. 贵金属首饰的表面处理工艺

贵金属首饰在其制作的最后阶段都要进行表面处理，以达到理想的艺术效果。表面处理的方法很多，主要包括电镀、包金、錾刻、车花（铣花）、喷砂等。

（1）电镀。电镀是一种对贵金属首饰进行表面镀层处理的加工方法，如白银饰品的镀金处理、铂饰品的镀铑处理等。饰品电镀的主要流程为：酸碱洗——除油磨光——电镀。电镀可以对贵金属首饰的表面色泽、光亮度进行保护，使首饰有更美丽的外观效果（图 3-35）。

图 3-35　经过电镀工艺处理的耳环

（2）包金。包金是将锤打得极薄的金箔层包裹在非黄金的饰物上，然后加温，用工具把金箔牢牢地压在饰物表面，不留接缝。包金饰品外观酷似黄金饰品。包金也是常见的珠宝首饰表面处理手段。

（3）錾刻。錾刻是一种用錾刀在贵金属表面用手工一锤一锤打造纹饰的工艺，纹饰可深可浅，凹凸起伏，光糙不一。

（4）车花（铣花）。用高速旋转的金刚石铣刀，在饰物表面刻出道道闪亮的横竖条痕并排列成花纹的工艺叫车花或铣花。由于金刚石铣刀十分坚硬，所以铣出来的条痕光洁闪烁。平时常见的闪光戒或闪光坠即是用车花工艺加工而成，很受人们青睐（图 3-36）。

（5）喷砂。喷砂是用高压将细石英砂喷击在暴露的抛光金属表面上，造成朦胧柔和的表面工艺。

图 3-36　经过车花工艺处理的项链吊坠

二、宝石琢型

宝石琢型是指将宝石原料按照一定的规格和式样加工成型的过程。宝石琢型不仅影响宝石的美观，还关系到宝石的折射、反射光线的特性，进而影响其光彩和价值。宝石的琢型设计需要考虑到宝石本身的光学和力学属性。这是因为不同的宝石材质会对切割方式有不同的要求，以保证宝石的稳定性和美观性。

1. 宝石琢型的含义

宝石琢型是指宝石原石经过琢磨后所呈现的样式，也称宝石的切工或款式。

2. 宝石琢型的种类

宝石琢型包括刻面型、弧面型、珠型、异型四大类型，其中刻面型宝石的设计和加工最为复杂，也是宝石琢型设计及加工中最重要的研究对象和内容。

3. 宝石琢型的各部分名称

以标准圆钻刻面型为例，刻面宝石琢型一般可分为冠部、腰棱、亭部（图 3-37）。

（1）冠部。冠部指琢型腰棱以上的部分，一般由台面、冠主面、星面和上腰面等刻面构成。

（2）腰棱。腰棱即琢型的腰部。穿过腰棱的假想平面称为腰棱面，它理论上平行于台面并将琢型分隔成冠部和亭部。腰棱的平面形状简称腰形，它是宝石琢型进一步分类和命名的主要标志，如圆形、椭圆形、梨形、心形、方形等。

（3）亭部。亭部指琢型腰棱以下的部分，主要由亭主面、下腰面以及底尖或底面构成。

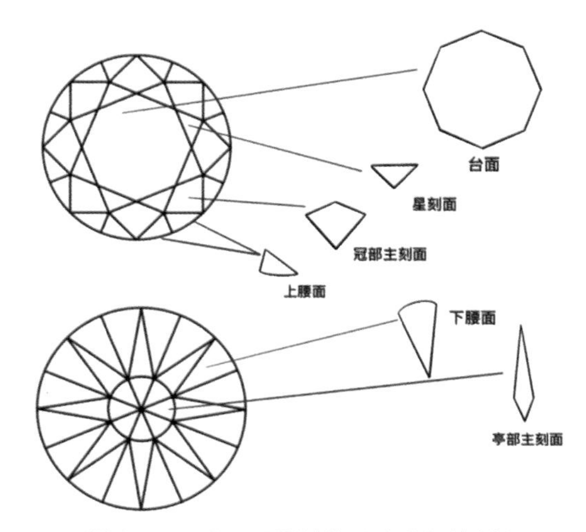

图 3-37　宝石琢型结构（李璐如绘制）

刻面琢型的各种小面的名称还有：台面，又称桌面、顶面；星刻面，又称星瓣、星环面；冠部主刻面，又称风筝面、鸢瓣、冠部主环面；上腰面，又称上分裂面、冠部半环面；下腰面，又称下分裂面、亭部半环面；亭主面，又称亭部主环面。

4. 宝石琢型的三要素

宝石琢型的三要素表示琢型的形状特征和各个刻面的具体位置。从理论上讲，利用刻面角度和圆周分度两项数据，可以在三维空间内精确指示或控制各个刻面在琢型上的具体位置。

（1）琢型比例。也称切磨比例，指琢型的各部分之间的相对比例，但通常以腰部直径作为比例基准，用百分数来表示（标准圆钻各比例均是相对于腰部直径为 100% 的比例，花式琢型如果腰部存在长径和短径两个方向的腰径，则一般以腰部短径的宽度为 100%）。

（2）琢型角度。也称切磨角度，指琢型的各个刻面与腰棱平面之间的夹角。其中冠部主要刻面与腰棱平面之间的夹角称为冠角，亭部主要刻面与腰棱平面之间的夹角称为亭角。

（3）圆周分度。也称分度指数，指琢型的各个刻面在琢型圆周上的分布方位，圆周面平行于琢型腰棱平面，圆周分度轮常用 64 分度，有时也用 96 分度、72 分度、48 分度、32 分度等。

5. 宝石琢型的分类及其特点

宝石琢型是根据宝石的外部特征来进行分类的，每种琢型都有其独特的特点和适用场景。要根据宝石的物理性质和美学要求来选择合适的琢型，以最大化地展现宝石的美丽和价值。

（1）弧面琢型。弧面琢型是指表面突起的、截面呈流线型的、具有一定对称性的琢型，其底面可以是平的或弯曲的，以及抛光的或不抛光的。又称为凸面型、凸圆型、蛋圆型、素面型，是一种使用最为广泛的非刻面型琢型。

优点是：加工方便，易于镶嵌，能充分体现宝石颜色，相对于其他琢型能保持较多重量。

加工对象：主要用于不透明和半透明，或具有特殊光学效应（如变彩、猫眼、星光等效应），或含有较多包裹体或裂隙等宝石材料的加工。

（2）刻面琢型。也称翻光面型、小面型、棱面型。该琢型的宝石由许多刻面按一定的规则排列，组成具有一定几何形状的对称的多面体。

优点是：能够充分体现宝石的体色、火彩、亮度、闪烁程度。

加工对象：适用于中低档的半透明至不透明宝石材料，特别是玉石材料的加工，如玛瑙、翡翠、岫玉、绿松石、孔雀石、芙蓉石、玉髓、木变石及某些有机宝石材料。

（3）链珠琢型。适用于中、低档的半透明至不透明宝石材料，与刻面琢型适用的材料相似。由于珠子通常是串起来用作项链、手链或挂在耳饰及胸针上，其魅力并不主要表现在单粒珠子上，而是表现在由众多珠子所串成的整个珠串的造型上。

（4）异型及雕件

①异型。包括奇想琢型、随形琢型、自由型。

②雕件。是指通过雕刻手段而产生的琢型，包括浮雕、凹雕、凹浮雕、浮雕二层石。

三、宝石镶嵌工艺

宝石镶嵌工艺是珠宝首饰产品最为常见的工艺。狭义的宝石镶嵌工艺是指将一颗或多颗宝玉石镶嵌在金属底座上，组成不同的造型和款式的一种加工工艺。广义的宝石镶嵌工艺是指将两种或两种以上的材料以不同的方式嵌入另外一种材料，组成不同的造型和款式的加工工艺。适合于大颗粒宝石的镶嵌工艺有爪镶、直齿镶、包镶；适合于小颗粒宝石的镶嵌工艺有钉镶、爪卡镶、轨道镶等。

1. 爪镶

爪镶是传统的齿镶嵌方法，工艺上是将金属齿向宝石方向弯下而“抓紧”宝石，主要用于弧面形、方形、梯形、随意形宝石和玉石的镶嵌。这是镶嵌工艺中最常见而且操作相对简单的一种工艺。爪镶又分单粒镶和群镶两种。单粒镶即只在托架上镶一粒较大宝石，以衬托和体现主石的光彩与价值。群镶是由主石与伴石排列组成，主石外围镶嵌一圈细小的碎钻，从而放大主石的视觉效果。爪镶按照爪的数量分为二爪、三爪、四爪和六爪等；按爪的形状可以分为三角爪、圆头爪、方爪、包角爪、对爪（姊妹爪）、尖角爪、随形爪等。例如目前流行的六爪皇冠型钻戒就是利用爪镶镶嵌的。六个长腰三角爪似皇冠将钻石高高托起，光线从四周射入钻石并发生折射，钻石显得晶莹剔透，高贵华丽。爪镶在镶嵌多颗宝石时一般先镶嵌副石，再镶嵌主石。副石多为圆刻面型碎钻。图 3-38 为爪镶钻石戒指。

图 3-38　爪镶钻石戒指

2. 直齿镶

直齿镶是现代对传统齿镶的改良。直齿镶在镶嵌宝石时，并不向宝石方向弯下，而是在镶齿内侧车出一个凹槽卡位，将宝石卡住。主要用于圆钻形、椭圆形等刻面型宝石的镶嵌。根据金属镶齿的数量，齿镶可分为二齿镶、三齿镶、四齿镶、多齿镶等，常见的是四齿镶；另外，根据镶齿的形状不同，又可分为圆齿镶、方齿镶、V 形齿镶等。齿镶是一种突出宝石的镶嵌方法，能充分地裸露宝石，让光线较多地透入宝石，增加宝石的火彩，较适合于透明宝石镶嵌，如钻石、红宝石、蓝宝石、碧玺、海蓝宝石、祖母绿等。单一齿镶款式的珠宝首饰一般小巧玲珑、秀雅典致，活泼而富有朝气，比较适合年轻女性佩戴。

3. 包镶

包镶又称包边镶，是用金属边将宝石四周都圈住的一种工艺，多用于一些较大的宝石，特别是拱面的宝石，因为较大的拱面宝石用爪镶工艺不容易将其扣牢，而且长爪又影响整体美观。其永恒经典型的底座，将人们的目光吸引到宝石上（图 3-39）。

图 3-39　包镶宝石项链

4. 轨道镶

轨道镶又称逼镶、夹镶或壁镶，它是在镶口侧边车出槽位，将宝石放进位中，并打压牢固的一种镶嵌方法。高档珠宝首饰的宝石镶嵌常用此法。另外，一些方形、梯形钻石用轨道镶来镶嵌效果极佳。这种底座用 65 ~ 95lb（1lb=0.4535924kg）的压力紧紧抓住宝石，使人感觉到宝石像是盘旋在空中（图 3-40）。

图 3-40　轨道镶钻石戒指

5. 梅花镶

梅花镶这种镶嵌方式很特别，也称“六围一镶”，分高梅花和低梅花两种，区别在于主石处于副石腰棱的上方还是下方，高梅花镶嵌的钻石亭部需要车槽。这种镶嵌方式的基本原理是利用周围六粒处于同一角度上钻石的腰或者腰部以下利用力的平衡固定住中间的一粒主石，六粒钻石用金属爪固定，两枚相邻钻石共爪，整个镶嵌中有 7 粒钻石 6 个爪，中间的一粒钻石无任何金属爪固定。这种镶嵌方式极大地延展了钻石的光芒，使很小的 7 粒钻石因视觉上的边界融合看起来像一枚大得多的钻石。这种工艺弥补了大钻石稀缺的遗憾，也使视觉效果上大但成本相对较低的钻石首饰制作成为可能。但是这种镶法相对爪镶在牢固性上要差得多，因为各个钻石是靠互相的挤压力结合在一起，比较容易松动和脱落（图 3-41）。

图 3-41　梅花镶钻石戒指

6. 组合镶

组合镶是指在同一宝石的镶嵌上汇集了不同的镶嵌工艺：可以是在主石镶嵌中既有齿镶，同时也有包镶，如心形、水滴形宝石的镶嵌中，利用齿包镶镶嵌顶角，后侧则用齿镶镶嵌；也可以在群镶中出现齿钉镶加槽镶等组合。组合镶可不拘于传统镶嵌模式，镶嵌形式变化多端，给人以新颖、独特之感（图 3-42）。

图 3-42　组合镶　珠宝首饰

7. 插镶

插镶主要用于珍珠的镶嵌，工艺上是在一个碟形的金属石碗中间，垂直伸出一枚金属针，将金属针插入钻有小孔的珍珠中，从而镶住珍珠。插镶对珍珠无任何遮挡，突出显示了珍珠的特

图 3-43 插镶珍珠耳环

征，尤其加以群镶碎钻相衬，更显“珠光宝气”之势（图 3-43）。

四、镂空工艺

镂空工艺最早可以追溯到商周时期，并影响到以后所产生的艺术形式，如剪纸、皮影、南方建筑中的什锦窗、传统家具中的透雕以及首饰等。而随着时代的发展，人们对设计的需求越来越偏向个性化，更加注重设计作品的想法和创意。传统的手工制作工艺极尽精致华美，依旧值得我们去学习（图 3-44）。

镂空工艺在珠宝首饰设计中可以形成的形状基本为几何图形，多为方形、三角形、圆形等，镂空处则为不规则造型居多，有厚有薄，变化多端，更具朦胧效果。在当代，镂空工艺运用广泛，许多国际珠宝名牌都有自己经典的镂空款式，深受时尚人士喜爱。镂空这门技艺本身也对珠宝首饰设计有着很大的助力（图 3-45）。

图 3-44 手作镂空戒指

图 3-45 镂空工艺加工的首饰

第四章
珠宝首饰材料及设计案例

为了充分表达设计意图，珠宝首饰作品可以采用的材料品种众多，天然的或是合成的，从传统的贵金属以及某些贱金属到某些高熔点金属，用于制作珠宝首饰的材料范围越来越广泛。这些材料具有各自的物质特性，或由于材料本身的性质不同而呈现出不同的面貌，或由于色泽的差异给人带来不同的心理感受，或因材质的肌理特征给审美带来不同的效果。

材料决定了珠宝首饰设计的结构、色彩、肌理、价值等因素。材料的质地和性能会影响首饰结构的牢固性、稳定性、耐久性，甚至影响体积大小和制作方式；材料的色彩和肌理会带给人不同的视觉心理反应；材料的价值可能影响首饰的经济价值。因此，要设计出优秀的珠宝首饰作品，需要了解各种珠宝首饰材料的特性。

第一节　钻石类材料及设计案例

钻石（diamond）是主要由碳元素组成的等轴晶系天然矿物。钻石具有高热导性、强抗腐蚀性等特点。它的矿物名称为金刚石。英文 diamond 来自希腊文金刚 adams 一词，意为“无可征服”。钻石以其稀少、珍贵、坚硬无比和神奇魅力、璀璨光彩特性作为身份、权力、地位和成就的象征，同时也是表达爱情、友情等情感的信物。

一、钻石类珠宝首饰概述

作为“宝石之王”的钻石，是最能体现皇权和尊贵的首饰原料。几个世纪以来，它的光芒从未黯淡过，即使是按老式的比例切磨，依然掩映不了钻石的熠熠光彩。

通常情况下，钻石是通过人工工艺进行切割和抛光的，所以切割面不是天然形成的（图4-1）。在自然状态下的钻石是一颗原石，它的外观通常并不完美。人类通过切割技术，可以将这些原石变成具有独特美感和高度闪光性的宝石，运用在首饰中。

这些切割面按一定的比例和角度配置，可以最大化地折射和反射光线，从而使钻石展现出最佳的闪耀效果。切割面的形状、大小、角度和位置都对钻石的光线折射、反射和色彩分散有重要影响。

钻石的美丽在于它的光泽，这是它独特的反光性和折射性造成的。当光线射向钻石时，它会被折射和反射，形成独特的闪光

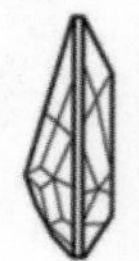

图 4-1　钻石的切割面

效果，这就是我们所称的“钻石火光”。每一颗钻石，无论其大小，都可以发出这种耀眼的光芒，展现出独一无二的美丽。

钻石的色彩美无疑是它独特魅力的重要部分，每一颗钻石都拥有自己的色彩调性，如同大自然的画笔在其表面挥洒（图 4-2）。有一些特殊的钻石，如蓝钻、粉钻、黄钻，因其稀有的颜色和独特的美丽而被高度珍视。这些颜色来自微量的元素杂质或者特殊的结构形式，它们为钻石提供了独特的色彩调性。无论是清澈透明的无色钻石，还是色彩丰富的彩色钻石，它们都通过各自独特的方式，向世界展示了大自然的美丽和魔力，也给钻石首饰的设计提供了更多的可能性。

图 4-2　钻石的色彩

二、钻石类珠宝首饰设计案例

全球知名钻石品牌有卡地亚（Cartier）、海瑞温斯顿（Harry Winston）、布契拉提（BUCCELLATI）、梵克雅宝（Van Cleef & Arpels）、蒂芙尼（Tiffany&Co）等。以下以海瑞温斯顿、蒂芙尼、卡地亚品牌为例进行案例分析。

1. 海瑞温斯顿的钻石首饰设计

从 20 世纪 50 年代到 70 年代，被称为“钻石之王”的海瑞温斯顿一直是世界上最杰出的珠宝商，其精品店是欧洲一些国家的皇室成员、好莱坞明星和商业巨头们的首选目的地。海瑞温斯顿打造出了不少世界著名的钻石，包括印多尔之钻（Indore Pears）、希望之钻（Hope Diamond）、伯特·罗得钻石（Porter Rhodes）和琼格尔之钻（Jonker）。图 4-3 所示这款 1961 年的钻石簇花环式项链，每一个部分都镶嵌梨形和马眼形钻石，再各由一颗圆形钻石点睛，其中三颗最大的圆钻分别重约 5.31ct（1ct=0.2g，下同）、4.92ct 和 3.91ct。整条项链以铂金制成，亦可作为两个手镯分开佩戴。

这条项链的灵感来源非常有趣。20 世纪 40 年代时，温斯顿回到自己位于纽约的家中，发现装饰在前门的冬青花环似乎没有任何内部支撑却连接在一起，茂密的枝叶将它们下方的电线都遮住了。后来温斯顿回到店里，要求珠宝匠们将这个奇妙的现象转化为珠宝的设计作品。最终，他们成功地发明了一种能够让宝石看起来是“漂浮着”的技术。“你无法看到这条项链的结构——它所运用的错综复杂的结构，”佳士得纽约珠宝部门专家 Lingon 解释说，“海瑞温斯顿钻石簇花环式项链看起来就像是一条流动的钻石带。”

2. 蒂芙尼的钻石首饰设计

1886 年，蒂芙尼推出了最负盛名的“Setting”系列订婚钻戒。这个经典的六爪镶嵌法面世后，已经成为全球婚戒中使用最广泛的款式，没有之一。“Setting”系列钻戒的基本形式为六个较长的铂金爪紧紧扣住一颗圆形的钻石（图 4-4）。这种镶嵌法比四爪更为稳固，跟传统的六爪相比，最重要的区别是“刀锋”的轴和爪子的设计，使用了更少的金属，让更多的光线进入钻石，使钻石的光芒得到全方位折射。六爪分别代表责任、承诺、包容、信任、呵护以及珍惜，而这六点正是长久婚姻中不可或缺的品质。这种六爪镶嵌法到现在仍然是世界上最流行的婚戒镶嵌法，相比传统的包镶、密镶、钉镶等手法，造型更为简洁大方。

图 4-3　钻石簇花环式项链

图 4-4　蒂芙尼“Setting”系列钻戒

蒂芙尼的创新之处在于能够让人看到戒指中的整颗宝石，重点是钻石本身。铂金首次被用作贵金属和耐磨金属，从而使戒指有可能代代相传。在一个机器完成大部分工作的时代，蒂芙尼延续了工艺传统，每颗钻石都是手工镶嵌的，每枚戒指都需要大约一年的时间才能制作完成。正是由于这一切，才体现出其品牌价值。

3. 卡地亚的钻石首饰设计

卡地亚的牛头钻石项链是一件令人惊叹的珠宝（图 4-5），它已经成为优雅风格的标志。虽然卡地亚牛头钻石项链看似简单，但仔细观察就会发现它有无数的细节，使这条项链成为一件罕见的艺术品。珍贵的宝石和金属的艺

图 4-5　卡地亚牛头钻石项链

术组合，铸就了这条项链纯粹的优雅和高贵的设计。卡地亚牛头钻石项链也是卡地亚的经典项链，被称为“C”系列，经久不衰。今天，人们更是将其作为象征永恒爱情和承诺的一件珍宝。

第二节　黄金、铂金类材料及设计案例

市场上的珠宝首饰常用的贵金属主要是黄金、白银、铂金以及它们与钯、铜、镍、锡等的合金。贵金属因其稀贵、化学性质稳定、具有延展性和有一定硬度而广受消费者的欢迎。

一、黄金、铂金类珠宝首饰概述

金，俗称“黄金”，在人类文明史上占有极其重要的地位，在现代金融市场上被称作“畅通无阻的硬通货”。一个国家经济情况的好坏，与黄金的储备量息息相关，也直接影响本国货币价值的升降。同时，金也是贵重工艺品制作的重要材料，因为金是自然界最稳定的材料之一。金的颜色为黄色，呈典型的金属光泽。金具有极好的延展性，有良好的装饰效果，但纯金硬度较低，质地柔软，用指甲就能留下痕迹，因此表面常受磨损，容易失去光泽。在珠宝首饰设计制作上，一般根据不同的目的，采用不同成色的纯金或 K 金。

中国是黄金大国，中国人对黄金的热爱有着几千年的悠久历史。对于大多数国人来说，每逢喜庆、重要的日子，如寿宴、婚宴等，都喜欢向亲友赠送黄金。这其中有许多文化因素和现实因素，也有很多美好寓意。在国人心中，黄金寓意着吉祥富贵、喜气洋洋，也寓意着新人之间情比金坚和金玉良缘，同时还代表了新郎和新娘家人对新人的衷心祝福。

婚庆喜福是黄金首饰的第一大市场，黄金首饰也是中国婚嫁的刚需。除了传统习俗文化之外，这几年还流行时尚黄金饰品和文创黄金饰品。随着互联网时代年轻人的崛起，他们对国潮和文化的自信让越来越多的年轻人喜欢国潮品牌和文创潮品。而黄金首饰也紧跟时代步伐，不仅工艺上不断地推陈出新（3D 硬金、古法金、镜面金），而且在文创设计上也越来越成熟，无论是周大福的“传承”系列还是老凤祥的“灵羽”产品，每件作品无论是设计还是工艺都不逊色于国际一线的珠宝首饰品牌。还有些设计师品牌在传统文化中吸取灵感设计黄金饰品，通过传统文化结合现代设计，让传统黄金饰品焕发新生活力，也让年轻人越来越喜爱佩戴黄金首饰，增加了中国人的民族自信。

铂金 (Platinum，简称 Pt) 又称白金，呈银白色，稳定性高，制作的难度较大。铂金较黄金稀少，铂金的光泽天然纯净，赋予了铂金首饰独特的外观，而且铂金不会因为日常佩戴而变色或者褪色，无论佩戴多久都能够始终保持天然纯白的光泽，且光泽持久不变，经常用来制成高档珠宝首饰。自 1898 年法国珠宝商卡地亚率先使用以来，铂金就以锐不可当之势攻下了珠宝首饰市场的半壁江山。常见的用于镶宝石首饰的铂金含量通常为 85% 和 90%。铂金的坚韧性和延展性意味着铂金能安全牢固地镶嵌每一颗钻石，给予钻石恒久的呵护。这也是市面上的钻石戒指大多

都是用铂金镶嵌的原因。

二、黄金、铂金类珠宝首饰设计案例

随着人们对珠宝首饰需求的不断增加和品位的不断提高，黄金品牌的选择成为消费者购买珠宝首饰时的重要考量因素。在市场上，黄金、铂金首饰品牌琳琅满目，黄金首饰品牌有周大福、周生生、老凤祥、六福珠宝等，铂金首饰品牌主要有卡地亚、宝格丽等。

1. 周大福的黄金首饰设计

周大福创立于 1929 年，是国潮珠宝市场的先行者。周大福“传承”系列手镯采用传统黄金加工工艺，古法黄金特点十分鲜明，整个手镯纹路清晰自然，雕形饱满，层次丰富；古法金加工工艺处理的手镯整体呈哑光质感，不仅保留黄金原色，还有黄金原有的润泽质感，纹理均匀平整，色泽古朴，呈现醇厚静美、熠熠生辉的视觉效果。古法制作的金饰通体无打磨、抛光痕迹，无毛刺、接头及焊点，是中国几千年来黄金制作工艺的传承，很多已被列入中国非物质文化遗产名录。周大福“传承”系列一改黄金的固有印象，将传统的黄金赋予的新寓意及生命，带来了新的时尚感（图 4–6）。

图 4–6　周大福“传承”系列

2. 老凤祥的黄金首饰设计

老凤祥诞生于 1848 年，是中国首饰业的世纪品牌，是跨越了 3 个世纪的中国经典珠宝品牌。在金银细工制作工艺上被列为国家级非物质文化遗产，并且中国黄金协会授予老凤祥“中国黄金首饰第一品牌”的称号。

老凤祥的“灵羽”系列以金饰之美，展华夏之粹（图 4–7、图 4–8）。精妙的工艺打造出展翅欲飞的凤凰形态，展现灵动的翩然美感，花丝如意纹饰缠绕交织，典雅端庄，带来安康祥瑞之美。

图 4-7　老凤祥“灵羽”系列项链

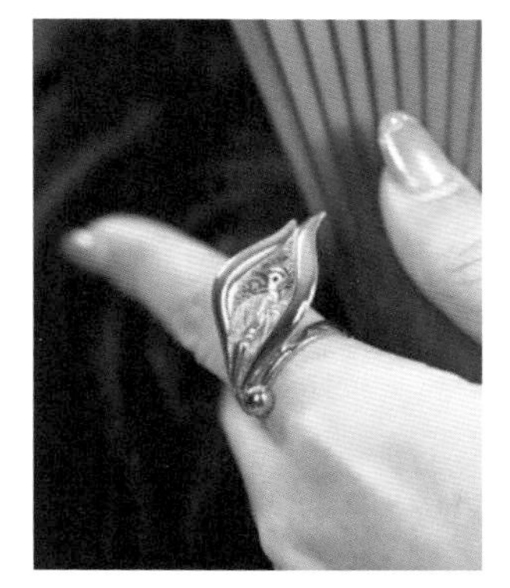
图 4-8　老凤祥“灵羽”系列戒指

3. 卡地亚的铂金首饰设计

卡地亚是最早用铂金作为首饰素材的品牌之一。这顶铂金钻石头冠来自罗克斯堡公爵夫人的私人收藏（图 4-9），由卡地亚制作于 20 世纪 30 年代，具有鲜明的装饰艺术风格时期特色。

图 4-9　卡地亚铂金钻石头冠

头冠的顶端镶嵌了 31 颗圆形切割钻石，主体的几何线条同样由圆钻连缀而成——中央五边形内镶嵌一颗大尺寸圆钻，两端以钻石镶嵌的方形图案重叠延伸。整件作品镶嵌的钻石总重约 130 ~ 150ct。在这顶头冠中，可以明显感受到两个典型的时代特征：首先，所有钻石都是圆形切割，因为当时方形切割钻石还未受到人们的青睐；其次是铂金材质的使用，人们一直到 20 世纪初才掌握制作铂金珠宝的技术，这正是最早期的铂金珠宝作品之一。

第三节　珍珠类材料及设计案例

珍珠，英文为 pearl，源于拉丁语 pernnla，它的另一个名字 margarite 则是由古代波斯梵文 magrites 衍生而成的，意思是“大海之骄子”。自古以来，人们把珍珠誉为宝石“皇后”，是宝石中的一颗璀璨明珠。

一、珍珠类珠宝首饰概述

珍珠和其他宝玉石不同，不需琢磨加工就是一件漂亮的饰品。它具有绚丽的色彩、特殊的珍珠光泽，浑圆精巧，洁白清丽，历来被人们所喜爱（图 4-10）。

图 4-10　不同颜色的珍珠

人们对珍珠的利用历史悠久。早在新石器时代，原始人类在海岸、河边捕寻食物时，就发现了珍珠。他们把珍珠当作饰品，作为消除灾难、祛邪逐鬼的神物和一切美好的象征。公元前 2206 年，人们就开始把珍珠作为珍贵的礼品赠送给他人，在波斯地区也发现了公元前 2000 年的珍珠遗迹。在中国，关于珍珠最早的记录是在孔子时期（公元前 550 年）。在欧洲，珍珠也很受人们的喜爱，一些罗马妇人全天佩戴珍珠，希望一生能健康富贵。随着人们对珍珠认识的加深，珍珠的地位也越来越高。在中国，珍珠、玛瑙向来都是珠宝的代名词，是荣华富贵的象征，起初只为皇室、贵族所拥有。清朝慈禧太后不仅佩戴珍珠，还食用珍珠。在她的殉葬品中发现大小珍珠 33064 颗，其中最大的一颗重达 625ct。

珍珠分为海水珠和淡水珠两大类。海水珠是指在海洋中孕育的珍珠，其色彩丰富、品质优良，如南洋珍珠中的大溪地黑珍珠、澳大利亚的白珍珠等。海水珠的产量易受自然环境影响，产量低、色泽好、珠身圆、有核，大部分用来制作首饰。淡水珠是在淡水河流中孕育而成，以其独特的柔和光泽和温润质感而受到喜爱，如中国的江珠、日本的 Akoya 珍珠等。淡水珠易保养、产量高、无核，但成型较差，精圆形珍珠极少，形状无法作为饰品，多作为药用。

白色是珍珠最为普遍的颜色，另有金色、黑色、粉红色、灰色、青色和紫色等。金珠是珍珠中的贵族。尤其是品相出众的南洋金珠，它的颜色是纯正喜人的金黄色，带着银白色的光泽，每一处都流淌着华丽雍容之态。因为天然珍珠的晕光特点，金珍珠不像黄金那般艳丽，而是笼罩着一层淡淡朦胧的银白晕光，这时候的金黄色看上去反而脱俗雅致。一提起黑珍珠，人们就会想大溪地黑珍珠，独特的金属光泽让它区别于白珠的温柔、金珠的娇媚，充满了神秘的魅力。顶级的黑珍珠会呈现璀璨的孔雀绿色，让人爱不释手。

二、珍珠类珠宝首饰设计案例

大多数人印象中，珍珠首饰都是年纪稍大的女性所佩戴的，认为珍珠会显得比较富态、老气。但是近些年，珍珠首饰开始流行，受到了越来越多年轻人的喜爱。珍珠以休闲感和百搭性受到追捧，专门以珍珠为材料设计珠宝首饰的品牌也很多。

1.MIKIMOTO 的珍珠首饰设计

MIKIMOTO（御木本）是世界十大珠宝品牌之一，世界珍珠之王，位列美国富豪最爱珠宝品牌第十名。MIKIMOTO 是极品珍珠的代名词，在全球闻名遐迩，无论品质还是设计，都向人们展示着这个品牌登峰造极的地位，一百多年来，始终是引领珍珠行业的王牌贵族。它的每一款珍珠首饰，都散发着无穷的迷人的传世魅力。MIKIMOTO 自创建以来，即用近乎苛刻的标准来挑选珍珠，通常每颗珍珠的培育时间为 4 ~ 5 年，而每年出产的珍珠仅有 5% ~ 10% 符合其品质基准。“永远为客人挑选最优品质的珍珠”是它的品牌使命，而严格的甄选标准决定了每件珠宝的高品质。MIKIMOTO 还被指定为日本皇室的御用品牌，也是各国明星们的喜爱。

MIKIMOTO 的 Jeux de Rubans 高级珠宝系列以飘逸的“丝带”为灵感，塑造出蝴蝶结、丝带花、缠绕的缎带造型。以钻石、金和彩色宝石来衬托 MIKIMOTO 高品质珍珠，营造出优雅而光彩流转的风格。这款项链塑造出柔美的丝带花造型，搭配 MIKIMOTO 最擅长使用的珍珠，营造出优雅而光彩流转的风格。项链由珍珠串珠构成，设计师通过珠粒尺寸的渐变、多股串珠叠加形成丰富的层次感。设计最具匠心的是一条衣领造型的项链，通过透明细丝来衔接不同尺寸的天然白珍珠，打造出雪纺般柔软卷曲的质感，外围是一条钻石勾勒的丝带，缠绕为纤细的蝴蝶结坠饰（图 4-11）。戒指和胸针作品中可以看到“花朵”元素的运用，其中一枚胸针以捧花为主题，花朵由近 50 颗珍珠锦簇而成，绑缚花束的丝带则由钻石勾勒（图 4-12）。

图 4-11 Jeux de Rubans 珍珠项链

图 4-12 Jeux de Rubans 珍珠胸针

MIKIMOTO 2022 高级珠宝系列 Wild and Wonderful，设计灵感采撷自五大洲野生动物，演绎动物的千姿百态，熠熠生辉。珍珠是 MIKIMOTO 最为常用的宝石，这一系列也不例外，日本 Akoya 珍珠、黑南洋珍珠搭配亚历山大变色石，内敛而幽微的辉彩更添神韵，尽显简约大气之美。项链为 18K 白金，部分经过黑色镀铑加工，黑白部分分别镶嵌黑色尖晶石和日本 Akoya 珍珠，点缀亚历山大变色石和钻石，呈现出逼真的斑马条纹。搭配以黑南洋珍珠吊坠，七彩斑斓的色彩更添神韵。

图 4-13、图 4-14 所示的两款胸针华丽优雅，点缀胸前令人过目难忘。幻化着七彩虹光的白蝶贝与蛋白石辉彩相映，化身稳健的大象；画龙点睛的黑蝶贝演绎立体反差，构成飞驰的羚羊。大象胸针为 18K 白金镶嵌钻石和珍珠，造型逼真，象鼻卷起一颗绚烂的蛋白石，象牙部分则是白蝶贝母磨削而成，象眼是一颗马眼形碧玺。羚羊胸针的造型是两头奔跑在大草原上的羚羊，栩栩如生。配色清新优雅，18K 白金、18K 黄金镶嵌钻石和黑蝶贝组成羚羊的身体，羚羊角部分经过黑色镀铑加工，细节感满满；羚羊身体周围点缀珍珠、石榴石、绿柱石，动感十足。

图 4-13 大象胸针

图 4-14 羚羊胸针

2.TASAKI 的珍珠首饰设计

TASAKI（塔思琦）来源于创始人田琦俊二先生的姓氏的英文形式。田琦俊二先生从 1933 年开始从事珍珠养殖业，在 1954 年创立了自己的同名企业。一直以来，TASAKI 选用的是没有经过研磨、整形，就拥有自然良好外形的珍珠。通过母贝和人的努力可以产生这种奇迹般的宝石。为此，TASAKI 提供了优质的珍珠养殖的自然环境，在因水源营养丰富而著称的日本临海进行养殖，由高技术专业人员完成从珍珠挑选、加工到销售的一体化流程。只有达到整体完好品质的珍珠才能被作为“TASAKI 珍珠”送出。

相比较下，MIKIMOTO 服务于较为传统的皇室，在设计上更加优雅端庄，像是传统的贵妇人。而 TASAKI 热衷于创新大胆的设计，喜欢和前卫艺术家合作。2009 年，为了把珍珠设计得更时髦，TASAKI 决定聘请 Thakoon Panichgul 担任创意总监。Thakoon 认为珍珠具有复古的美感，他擅长将优雅的珍珠改造成时髦前卫的作品。最出名的 Balance 系列就是他的代表作。

Balance 系列是 Thakoon 最早给 TASAKI 设计的珍珠系列（图 4-15），推出后就成为 TASAKI 的标志性单品，一直到现在还很受欢迎。这一系列的设计灵感如同它的名字，来源于平衡球。将几颗大小、颜色、品质都完全一样的 Akoya 珍珠聚成一条线，迸发出优雅和谐的平衡之美。

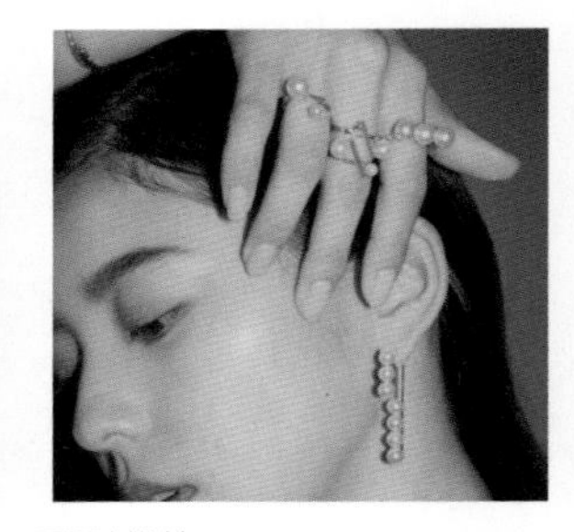

图 4-15　Balance 系列首饰

Danger 系列可以说是 TASAKI 最有个性的系列（图 4-16、图 4-17）。设计灵感取自自然界的神秘魅力和具有危险性的优雅，尖锐的利齿来彰显奇幻神秘，与温润的珍珠形成对比，释放强有力的诱惑之美。这个系列也是 Thakoon 设计的。在人们一贯印象中，珍珠是特别温润优雅的配饰，被 Thakoon 加上尖角以后，风格变得更为犀利。

图 4-16　Danger 系列戒指

图 4-17　Danger 系列项链

3.YOKO LONDON 的珍珠首饰设计

英国顶级珠宝品牌 YOKO LONDON 创立于 1973 年，是世界领先的奢华珍珠珠宝商，由三代 Hakimian 家族共同打造。该品牌将珍珠作为中心元素，充分利用珍珠的圆形和珠光，主打珍珠和钻石之间的交织，通过不同的混合形式搭配离奇的形状，将充满现代感的设计和珍珠巧妙地搭配。Hakimian 家族专门与全球 13 个不同的珍珠养殖场合作，从市场上挑选最珍贵、最不寻常的珍珠，这些珍珠具有稀有的颜色和顾客特别感兴趣的尺寸。每颗珍珠都由熟练的珍珠鉴赏家精心挑选，并放在伦敦的工坊中。

2022 年 YOKO LONDON 推出 Starlight 系列新一季作品（图 4-18），设计灵感来自夜空中的闪耀星光。新作巧妙地以不同切割钻石搭配多种颜色和产地的珍珠，让钻石火彩与莹润的珍珠光泽相互辉映。此系列运用种类丰富的珍珠作为主石——Akoya 珍珠、南洋白珍珠、南洋金珍珠和大溪地黑珍珠，每一种珍珠有着独特的珠光色泽，塑造出不同的珠宝气质；设计师还将榄尖形、阶梯形、圆形等不同切割的钻石组合拼成星图般的几何元素，营造出群星璀璨的华丽效果。最引人注意的是戒指作品（图 4-19），设计灵感来自 19 世纪末 Toiet Moi 双主石戒指，寓意恋人之间交织的情感与承诺。戒指的一端镶嵌粉色调 Akoya 珍珠，另一端是不同切割钻石拼成的几何图案，环绕指尖形成美妙的视觉对撞。

图 4-18　Starlight 系列珍珠项链

图 4-19　Starlight 系列珍珠戒指

第四节　宝石类材料及设计案例

宝石在珠宝首饰行业中一直是主要的材料。尤其在传统的珠宝首饰设计中，贵金属以各种各样的镶嵌手法镶嵌着美丽绝伦的宝石，凸显着宝石独有的特色和身价。

一、宝石类珠宝首饰概述

宝石泛指一切经过琢磨、雕刻之后可以成为珠宝首饰或工艺品的材料，是对天然珠宝玉石和人工宝石的统称。传统观念上的宝石仅指上述概念中的天然珠宝玉石，即自然界产出的，具有色彩瑰丽、晶莹剔透、坚硬耐久等特性，并且稀少及可琢磨、雕刻成珠宝首饰或工艺品的矿物、岩石和有机材料，是目前珠宝首饰行业的主流产品。宝石类珠宝首饰一般都具有美丽、耐久性和稀有性等特点。

就宝石本身而言，美丽是宝石必须具备的首要条件。这里的美丽是由颜色、透明度、纯净度、光泽等诸多因素构成的，这些因素结合得好时，宝石才能光彩夺目，美丽非凡。

首先，宝石根据颜色分为无色宝石和有色宝石两大系列。其中对于有色宝石而言（图4-20），颜色艳丽、纯正、均匀是检验有色宝石的重要色彩指标，也就是“浓、正、阳、和”。比如祖母绿的菠菜绿色、红宝石的鸽血红色、翡翠青翠欲滴的翠绿色等都是优质的象征。而对于无色宝石中的无色钻石而言，透明度、纯净度越高，则档次越高。

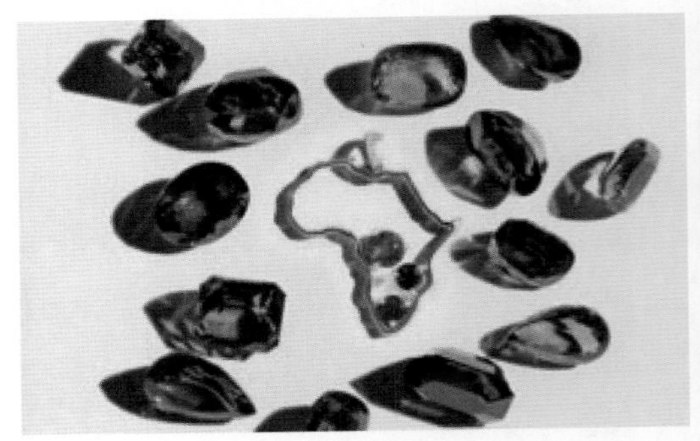

图4-20　有色宝石

其次，透明度和纯净度也是检验宝石美丽与否的重要指标。尤其对于无色宝石而言，拥有较高的透明度和纯净度可以使光线很好地透过宝石，使其晶莹剔透。而有色宝石拥有较高的透明度也会使得色彩看上去更加纯正清透。

再次，光泽是检验宝石颜色的又一指标。有了它的存在，宝石又增加了一分灵气。比如被称为宝石之王的无色钻石就是因为极强的金刚光泽才使得它有着迷人的光彩和绚烂的光芒。此外，特殊光学效应同样可以为宝石增添几分姿色。特殊光学效应包括星光效应、猫眼效应、变彩效应、变色效应、砂金效应等，其中欧泊的变彩，红蓝宝石的四射、六射星光，金绿宝石的猫眼，月光石的变色，日光石的砂金等都为这些宝石增添了几分神秘。有时这些特殊光学效应还会使得宝石的身价大增。

二、宝石的分类

在广义上，宝石分为宝石和玉石两种，又统称为宝玉石。国际上把翡翠（硬玉）和软玉统称为玉石，而把其他达到玉石要求的岩石统称为“珍贵的石头”。在日本，人们将高档宝石——钻石、红宝石、蓝宝石、祖母绿、金绿宝石、猫眼石和变石统称为宝石，而将石榴石、锆石、碧玺等称为半宝石。

中国人特别喜欢的玉有多个品种。常见的绿色玉石品种有翡翠、绿色软玉（碧玉）等；常见的白色玉石品种有和田玉、白色翡翠等；常见的彩色玉石品种有绿松石、孔雀石、青金石、鸡血石、黑曜岩等（表4-1）。

表 4-1 宝玉石分类

	一级分类	二级分类	三级分类
广义的宝石	宝石（狭义的宝石）	天然宝石	
		人工宝石	人工合成宝石
			人造宝石
			拼合石
			再造宝石
	玉石	真玉	软玉（和田玉）
			硬玉（翡翠）
		似玉	玛瑙
			岫玉
			绿松石
			其他几十种石材

三、宝石类珠宝首饰设计案例

宝石类珠宝首饰价格昂贵，原因有三：一来矿产珍稀、存量鲜少，俗话说，物以稀为贵，越珍稀越昂贵；二来美丽无比，瑰丽浓郁的天然色彩，即便放在所有珠宝首饰材料中都依然矫矫不群；三来坚固耐久，具有稳定性，无论经过多长时间的淬炼，依旧璀璨夺目。现在主要宝石类珠宝首饰品牌有梵克雅宝、宝格丽、卡地亚等。

1. 梵克雅宝的宝石类珠宝首饰设计

梵克雅宝（Van Cleef & Arpels）的作品坚持采用顶级的宝石材质，加以镶嵌工艺、创新理念，以及立志永恒经典的创作精神，成就了梵克雅宝经典不朽的传奇。其中，大自然、多功能设计、舞者与精灵、装饰艺术以及高级订制服装是梵克雅宝珠宝创作中最具代表性的五大元素。

梵克雅宝一直致力于改良珠宝首饰的外观，避免由于用不精致的镶嵌方式造成珠宝的破坏。1933 年，梵克雅宝发明了隐秘式镶嵌法。这种方法可以将宝石与宝石紧密地排列在一起，其间没有任何金属座或镶爪，可以令宝石服帖肌肤，随着身体的摆动而呈现出多角度不同的光泽（图 4-21）。目前，全世界可运用这种登峰造极工艺的工匠不超过 6 个，专属于梵克雅宝。

图 4-21 梵克雅宝采用隐密式镶嵌法排列宝石

2. 宝格丽的宝石类珠宝首饰设计

宝格丽（BVLGARI）的宝石类珠宝首饰设计的特点除了独创性地采用多种不同颜色的宝石

进行搭配组合，以色彩为设计精髓以外，再有就是改良了广泛盛行于东方的圆凸面切割法，又称为“鹅蛋形切割术”（图 4-22）。以圆凸面宝石代替多重切割面宝石，为珠宝赋予体积感，是宝格丽区别于其他品牌的一个重要特征。传统的鹅蛋形切割必然对宝石台面的圆形表面抛光，这种宝石切割工艺直到现在也多用于颜色漂亮但是内含物偏多的宝石，或者是价格不高但装饰性很好的宝石。宝格丽提升了这种古典的切割工艺潜力，把该工艺运用在了大量名贵宝石上，形成了很多独特韵味的极致作品。另外，宝格丽运用糖包山切割技术也比较多（图 4-23）。这是一种介乎于蛋面和复杂切割方式之间的一种切工，因形状很像巴西的糖包山而得名。特点是很厚重，也很凸显颜色之美。局限就是仅能运用到大克拉的宝石上，并且很难遮掩宝石内部的瑕疵，也难以体现一些宝石的光泽之美。无论是糖包山还是鹅蛋形切工的宝石，一方面赋予了宝格丽高级珠宝古典的底色，另一方面也因为这种简约轮廓，成为现代设计的典范。

宝格丽顶级珠宝系列中的作品均为独一无二的珍品。这个系列包含 1600 多件作品，在全球各地最为重要的宝格丽精品店内巡回展出。Prodigious Colour 项链就是该系列中的一款（图 4-24）。此款项链将宝格丽的独特风格元素和谐糅合。设计不落窠臼，以五颗主石呈现，美轮美奂的蛋面形切割彩色宝石以独特的光芒、色泽与形状，演绎璀璨华彩，总重达惊人的 288.2ct。紫水晶、黄水晶、红碧玺、蓝色托帕石及粉水晶和谐精妙地排列，各自光华闪烁，也相互映衬，同时以玫瑰金、华丽钻石和绿碧玺点缀其间，更凸显其流光溢彩。五种不同的宝石，呈现出别样的立体感与欢欣气息。别出心裁的组合，彰显独特的宝格丽品牌风格。

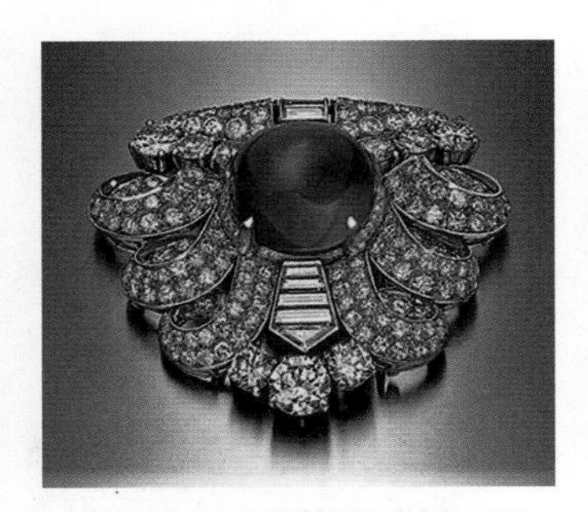
图 4-22　鹅蛋形切割术制作的首饰

图 4-23　糖包山切割技术制作的首饰

图 4-24　Prodigious Colour 项链

3. 卡地亚的宝石首饰设计

卡地亚的 Tutti Frutti 系列高级珠宝（图 4-25、图 4-26），不仅为其经典设计风格之一，还拥有悠久浓厚的东方色彩传说。卡地亚 Tutti Frutti 系列设计风格诞生于 20 世纪初，将蓝宝石、红宝石和祖母绿融合在一起，宝石表面雕刻印度传统的植物形状，呈现树叶、果实和盛开花朵的曼妙姿态，开创了珠宝首饰设计的全新风格。Tutti Frutti 系列从印度风格中获得启发，钟爱丰盈立体的造型并融合瑰丽多彩的宝石，在卡地亚设计史上焕发前所未有的蓬勃生机。2018 年 9 月，卡地亚 COLORATURA 高级珠宝展登陆北京民生美术馆，Tutti Frutti 系列臻品亦于本次展览惊艳亮相，谱写色彩传奇的崭新篇章。水果锦囊风格作为卡地亚的经典传奇标志之一，以巧夺天工的宝石雕刻工艺和别具匠心的造型设计，将东方主义风格的色彩与充满异域风情的独特魅力融会贯通，使得其成为珠宝发展史中不可替代的存在。

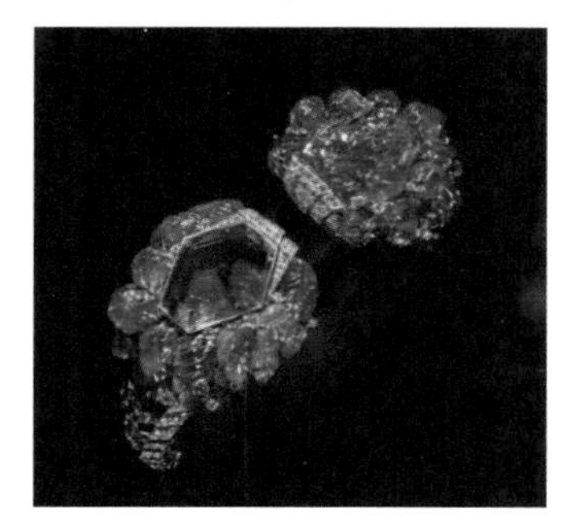

图 4-25　Tutti Frutti 系列手镯腕表

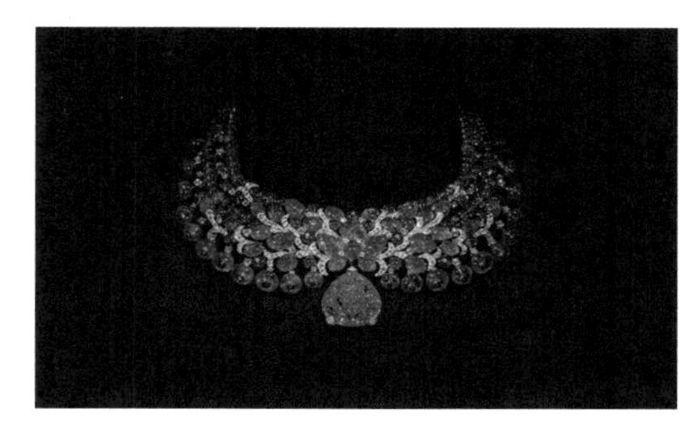

图 4-26　Tutti Frutti 系列项链

第五节　翡翠类材料及设计案例

翡翠是一种多矿物组成的玉石。在欧美，翡翠被称为硬玉，英文为 jadeite。翡翠在中国古代原本为二鸟名，即翡，赤羽雀；翠，绿羽雀。因翡翠二鸟的羽毛很美，古人常用其制作首饰，并称之为翡翠。直至明末清初，翡翠一词渐指以硬玉矿物为主的红绿色玉石，直至现在已为世人所接受。

一、翡翠类珠宝首饰概述

翡翠最早可以追溯到公元前 6000 年左右的新石器时代，当时的人们已经开始使用翡翠来制作各种装饰品和工具。据考古学家研究，翡翠最早的开采地点是中国的新疆地区。这里的翡翠质地坚硬，颜色鲜艳，成为当时的珍品。

1. 翡翠的概念

玉有软、硬两种：硬玉一般指翡翠；从狭义上来看，软玉指和田玉，广义上包括岫岩玉、南阳玉、酒泉玉等十多种软玉。翡翠作为一种玉石，在中国的历史长河中，一直扮演着重要的角色。

2. 翡翠的颜色

翡翠的颜色多姿多彩，按颜色一般划分为五类。

（1）绿色翡翠。绿色翡翠简称为“翠”，是翡翠中最常见的颜色（图 4-27），一般颜色越绿越好，以颜色鲜艳的高翠为最佳。

（2）红色翡翠。红色翡翠，简称为“翡”，是指翡翠矿石风化后的皮壳部分，多产于老坑料的外层，有星黄、黄红、红褐和深红色调，以深红、鲜红者为最好。

（3）紫罗兰色翡翠。紫罗兰色翡翠简称“紫玉”，以淡紫色最为多见，商业上往往称之为藕粉色或春色，浓紫和深紫罕见，亦最珍贵。

（4）福禄寿翡翠。福禄寿翡翠指绿、红、紫三色同时出现在一块翡翠料或饰品上，价值极为贵重。

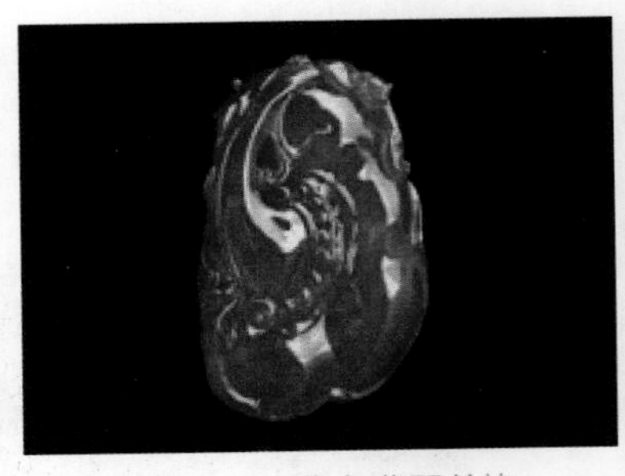

图 4-27　绿色翡翠首饰

（5）白色翡翠。白色翡翠一般为白色至无色，有时可见星点状他色。这类翡翠最为常见，商业级翡翠目前仅产于缅甸。

3. 翡翠的种水

翡翠是由大量的细小矿物晶体在低温高压环境下挤压形成的。翡翠的种主要是指翡翠的结构粗细，综合了翡翠内部矿物颗粒大小及矿物颗粒之间结合的紧密程度的关系。种老，是指翡翠内部晶体间的结合方式好，矿物晶体之间结合的致密度强。老种翡翠的硬度高，外观表现是翡翠表面光泽特别强，看起来光泽清新透亮。种新，是指翡翠内部晶体间结合的致密度没那么强。新种翡翠成岩后没有或只经历了较弱的后期动力地质改造。翡翠的种按照等级从高到低依次分为玻璃种、冰种、糯种、芙蓉种、豆种等种类（表 4-2）。

表 4-2　翡翠种的特点

翡翠的种	玻璃种	高冰种	冰种	糯冰种	细糯种	糯种	豆种
特点	透明；结构细腻；起荧光	亚透明至透明；结构细腻；有胶感	半透明；结构细腻；偶可见少棉絮	微透明；高于糯种低于冰种；一般棉多	不透明或微透手影；隐约可见细腻颗粒	不透明；肉眼可见晶体颗粒	不透明；晶体颗粒粗大

翡翠的种指的是质地种类，水则指的是水头，即透明度。翡翠的透明度分级如下。

（1）不透明。阳光投射不进，只有表面反光，为常见豆种。

（2）微透明。阳光透入 1 ~ 3mm，略微有点水头，为常见糯种。

（3）半透明。阳光透入 3 ~ 6mm，水头较长，为常见糯冰种。

（4）透明。透光 6 ~ 10mm，水足，为常见冰种。

（5）全透明。纯净无色，如玻璃般透过光线，为玻璃种。

翡翠的水是种的外在表现，种水相辅相成。

4. 翡翠类珠宝首饰的发展现状

近年来，科技进步使人造翡翠技术更加成熟，出现了合成翡翠。这些合成翡翠通常是由天然翡翠的成分经过特殊处理合成而成，具备相似的外观和物理性质。合成翡翠的涌现为市场提供了更多的选择，价格相对较低，适合那些预算有限的消费者。为了提高翡翠的强度和稳定性，一些新的复合材料被引入翡翠制品的制作中。例如：翡翠与其他宝石或树脂的复合材料能够增强翡翠的耐用性和光泽度，同时减少了材料的成本；翡翠与金属复合可以改善翡翠的强度和耐磨性，同时也能够创造出更多样化的颜色和纹理效果。

切割技术的不断创新使翡翠造型的设计更加多样化和精细化。现代的切割技术可以将翡翠切割成各种形状和图案，包括传统的圆形和椭圆形，以及更具创意的异形切割。这些新的切割方式为翡翠产品增添了独特的艺术价值。

除了翡翠原石，越来越多的设计师开始将翡翠原料作为主石点缀，合理选择镶嵌工艺，创造出独特的翡翠珠宝设计。例如，将翡翠与钻石、蓝宝石等宝石搭配，或者将翡翠镶嵌在银、黄金或白金的设置中，使得翡翠珠宝更加多样化和个性化。

二、翡翠类珠宝首饰设计案例

翡翠类首饰设计应运用现代国际化的设计语言，同时又植根于深厚的中华民族文化，实现对中国传统文化精髓的追求，才能设计出具有新时代特色的翡翠饰品。

1. 大树珠宝的翡翠首饰设计

在传统翡翠首饰中，叶子是十分常见的雕刻造型。叶子通常代指生命力，有生机勃勃、万古长青的美好寓意。叶谐音“业”，寓意大业有成、金枝玉叶、开枝散叶等。传统的佩戴方式是在“叶子”宽厚的一端打一个孔，然后以一条黑色绳子穿孔而过当作挂坠佩戴，或者增加金属扣头结合金属链子当作项链佩戴。珠宝设计师以创意与巧思，在继承传统文化精神内核的基础上，使雕刻加工后的翡翠原料实现从传统雕刻工艺品到时尚化珠宝首饰的转变。

大树珠宝的珠宝设计师刘明明及团队在传统叶子造型基础上进行全新的设计升级。作品《天鹅》将翡翠叶子作为天鹅身体主体的一部分，天鹅优雅的脖颈和羽毛部分以金属与宝石镶嵌制作，配石色彩的运用含蓄内敛而恰到好处，高贵、优雅的生命气质跃然而出（图 4-28）。

作品《微风摇曳》并没有像传统的树叶首饰那样做简单的包镶，而是将一片树叶作为一棵“大树”进行造型设计（图 4-29）。金属镶嵌勾勒的线条与“大树”雕刻的线条在节奏与韵律上保持一致，并且间隔一定的空间作留白，呈现出树木随风摇曳的自然与清雅。以上作品都是将翡翠的传统雕刻造型转化为场景化、故事化、情感化的设计。

2. 狮记珠宝的翡翠首饰设计

传统的翡翠雕刻饰品多以爪镶、包镶等工艺固定主材料。珐琅工艺、钛金工艺等是在传统工艺基础上又发展出的工艺。将不同的工艺进行综合应用，可以丰富作品的层次感，还可使不同的雕刻材料组合设计为新的结构，提升为多样与全新的翡翠首饰。

图 4-28　大树珠宝《天鹅》

图 4-29　大树珠宝《微风摇曳》

狮记珠宝的珠宝设计师钱钟书擅长从中国古诗词意境中提取设计元素，巧妙合理地运用于珠宝设计中。翡翠雕刻与珐琅工艺相融合，珐琅的丰富色彩与翡翠的色彩相得益彰，使作品在“团扇”结构的框架中，构建出中国古典诗词中的东方美学意境（图 4-30、图 4-31）。

图 4-30　双鱼团扇胸针、吊坠两用

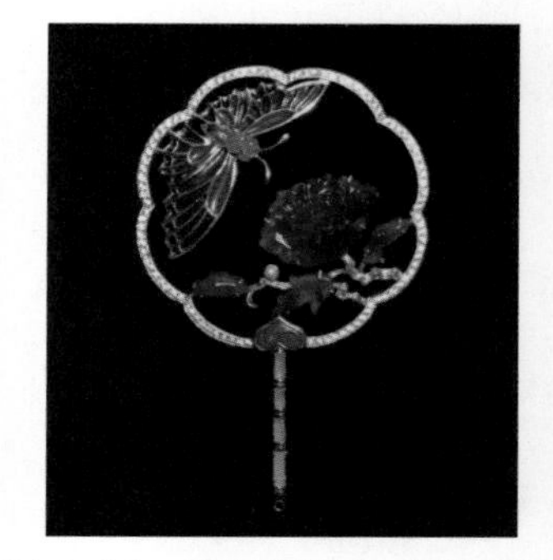

图 4-31　蝶恋花胸针、吊坠两用

3. 悦翠珠宝的翡翠首饰设计

悦翠珠宝在 2020 年“致美东方”高级珠宝系列中推出这枚翡翠胸针（图 4-32），捕捉自然界中蜻蜓停落荷尖栖息的情态，以珠宝恒久之美定格这一惟妙惟肖的瞬间。这件作品由 9 颗不规则的珍稀翡翠排列成蜻蜓的躯干，30 余颗天然钻石作为轻盈翅膀的创作特征，历经 26 个月精制诞生，把中国人特有的典雅高贵融入生机盎然的气息中，为蜻蜓这一珠宝世界经久不衰的创作题材增添了全新的艺术表达。悦翠珠宝将这一创作格调定义为自然朋克（Natural Punk）风格。

图 4-32　“致美东方”系列胸针

这枚蜻蜓胸针吸引人的设计亮点是不同形状的钻石琢形塑造：蜻蜓的头部和侧边，通过巧妙的轨道镶嵌设计，让镶爪隐藏；纤长的身体由翡翠和梯形钻石连缀而成，展现不规则的几何多边形轮廓，下方用 18K 金搭配打造的半包镶底座，曲线流畅立体；双翼铺排定制切割钻石镶嵌，完美展现了自然的纹理和轻微的半透明感；渐变双色碎钻勾勒肌理，通透美丽，闪闪发光。让人不禁联想到蜻蜓扑打翅膀的动态场景。轻盈优雅的身姿如同仙子一般激发了设计师无尽的浪漫绮思，以富有生命力的色彩和惟妙惟肖的灵动展现蓬勃活力的蜻蜓形象。

第六节　木质类材料及设计案例

除了常见的贵金属材料外，珠宝首饰设计师们不断尝试着新材料，比如木材、羽毛、陶瓷与璀璨宝石的新颖组合，给人一种耳目一新的感觉，尤其是品种多样的木材。自然赋予了木材最基本的颜色、最多变的形态。它是最安静的自然使者，也是最独一无二的时间见证。以自然为材，以生命为题，制造一种经典的传承。

一、木质类珠宝首饰概述

木材是看起来最平凡的材料，但每一块都拥有不同的纹理、不同的结构，木材的本色亦是一件很高明的艺术品（图 4-33）。

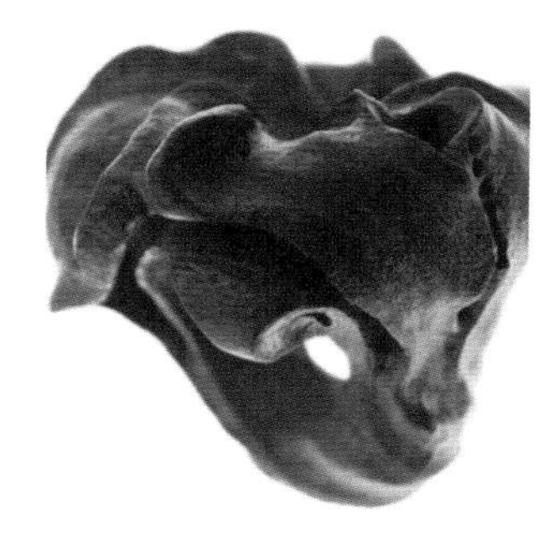

图 4-33　木质材料饰品

细木镶嵌（Embedding）是在木质平面上裁切出复杂的花纹和图案组合镶饰，是装饰家具、小型木器及图画镶板的传统木工技艺。这种技艺早在 7 世纪阿拉伯人统治下的埃及就已经出现，后经西西里和安达卢西亚地区传入欧洲。法国和意大利是欧洲细木镶嵌工艺的集大成者。细木镶嵌最早常见于木质家具如装饰橱柜、餐桌、匣子等，文艺复兴时期由细木镶嵌画装饰的墙壁就是很好的例子。或许是由于木材自身视觉上的自然温和与细木镶嵌的细腻精美，细木镶嵌被逐渐开始运用到腕表、珠宝等设计中。

木材本身是古老的，带有一股浓烈的东方古典主义气息，而现代的金属材料却有着一种强烈的现代自由风格。设计师们在这两种看似截然不同的材料上创造出一种新的木质设计理念。所以，不少设计师从木材的本源出发，希望获得木材与不同材质结合碰撞后的美感，并通过现代技术加工手段，让木材与贵金属、木材与陶瓷、木材与塑料和环保材料等相结合，带给人新的艺术感受。伯爵（Piaget）、卡地亚、宝诗龙等国际大牌也都同样喜欢在珠宝首饰设计中融入木质材料。

二、木质类珠宝首饰设计及案例

随着时代的发展，越来越多的设计师正在寻求木材和其他材质相互结合碰撞所产生的新的设计灵感。

1. 伯爵的木质首饰设计

2018 年，伯爵（PIAGET）推出 Sunlight Escape 高级珠宝系列（图 4-34）。这一系列分为暖煦鎏光、耀日绮境、璨夜盛典三大主题，灵感来源于极地阳光、冰雪与海。设计师通过草木细工镶嵌、精准镶嵌技术、宫廷式图腾装饰等技法，大胆描绘出阳光永不落幕的极地景象。艺术大师 Rose Saneuil 更是将细黑麦草秸秆、欧洲角梁木、梧桐木等草本元素融入 Sunlight Escape 的创作之中，真实地还原了大自然的旖旎风光。每一片细小的草木贴片都由匠人们精心裁剪，并严丝合缝地拼贴在一起。大胆独特的造型，别出心裁的设计，让人眼前一亮。

图 4-34　Sunlight Escape 高级珠宝系列

2.Annoushka 的木质首饰设计

英国珠宝品牌 Annoushka 也曾以木头为灵感，创作了一系列经典之作。在西方，轻敲木头是一种传统习俗，象征着幸福和好运的来临。Annoushka 在“幸运木”系列中，除了使用一些常规的宝石外，还使用了一种独特的材质——黑檀木，并将俄罗斯教堂最经典的洋葱头圆顶造型融入设计中（图 4-35 ~ 图 4-37）。黑檀木与黄金、钻石的巧妙结合，不仅现代时尚，又不乏设计感。尤其图 4-36 这款黑檀木金质戒指，造型虽然低调简约，但配色鲜明，高级感满满且气场十足。早在异教徒时代，树木就被视为生命的象征，触摸树木能够带来好运。在这个珠宝首饰作品中，有一枚戒指特别在内壁镶嵌乌木，让人在佩戴时感受到乌木细腻的纹理和设计师美好的祝愿。

3. 纽约设计师 Alexandra Mor 的 Tagua Seeds 系列

来自于纽约的珠宝设计师 Alexandra Mor 是一个环保主义者。多年来，她一直在寻找一种能够将品牌与持续性发展相结合的方式。2017 年，为了庆祝品牌成立七周年，Alexandra Mor 与来自巴厘岛的金匠师傅合作，推出了经典的 Tagua Seeds 珠宝系列（图 4-38）。这个系列包括耳环、戒指、项链、手镯等。Alexandra Mor 创新性地将黑色或红色的巴厘木材、象牙果等环保材质与苏门答腊的珍珠巧妙地结合在一起，并选用钻石、黄金等进行点缀。雕刻的萨沃木、细腻的金属线条、精湛的雕刻工艺、不同材质的混搭，呈现出复古典雅的高贵气息，风格独韵。

图 4-35　幸运木系列吊坠

图 4-36　幸运木系列戒指

图 4-37　幸运木系列耳饰

图 4-38　Tagua Seeds 珠宝系列耳饰

4. 纽约设计师 Maria Canale 的 Voyager 系列

纽约设计师 Maria Canale 以 19 世纪 20 年代复古度假风格为灵感，推出了 Voyager 系列（图 4-39）。这一系列最为独特之处就在于德国胡桃木的运用。胡桃木也是 20 年代远洋客轮、商用飞机最具代表性的装饰材料。设计师巧妙地将采用椭圆形或祖母绿型切割的蓝色托帕石、茶晶、绿色碧玺和红榴石 4 种彩宝，搭配黄金打造的包镶金圈，嵌于胡桃木基座之中。胡桃木表面可以看到天然形成的棕色木纹，与彩宝主石形成鲜明对比。除了用来衬托彩宝外，Maria Canale 还以胡桃木为主要材质，以金珠作为点缀，设计了一系列的珠串（图 4-40）、手镯、耳钉等，造型古朴简约，富有层次。

图 4-39　Voyager 系列耳饰

图 4-40　Voyager 系列珠串

第七节　玻璃类材料及设计案例

玻璃制品的出现最早可以追溯到 3600 年前的美索不达米亚。考古证据表明，第一个真正的玻璃制品出现在现今叙利亚北部沿海地区，由美索不达米亚人或埃及人制。最早的玻璃制品是公元前 2000 年中叶出现的玻璃珠，最初可能是金属加工的偶然副产品，或者是在制造彩陶时通过类似的工艺制成的玻璃体材料。玻璃制品出现后一直是奢侈品，直到青铜时代晚期才开始普及。

一、玻璃类珠宝首饰概述

普通玻璃的主要成分是二氧化硅、碳酸钠和碳酸钙。大多数玻璃会在 1400 ~ 1600℃融化，随着流动性增加从而能够塑造出不同造型的玻璃制品。随着科技和社会的快速发展，玻璃艺术作为一种特殊的艺术形式也给人们的生活和艺术设计带来了革命性的转变。

玻璃是一种无色光滑的非晶态固体，常常与光产生关联。时而晶莹剔透、万色生辉，时而含蓄雅致、朦胧微明，它透着神秘感的美让人迷恋。作为一种有着特殊美感的材料，玻璃在当代珠宝首饰中的应用正变得越来越流行：热熔玻璃、脱蜡铸造、大炉吹制、灯工吹制、喷砂、喷涂、切磨和抛光等工艺，都能被当代珠宝首饰设计师运用到自己的珠宝首饰作品中。

首先，玻璃具有透明、折光、反光、光滑、粗糙、易碎等特点。其中，透明性能够很好地展现玻璃内部的艺术构造。根据折光和反光的特点可以利用不同的光源来营造不同的光影效果。无论是光滑还是粗糙的质地，都赋予了玻璃材质更丰富的艺术表现形式。虽然其易碎的特点有时会限制玻璃材料的应用范围，但有时这种特质也恰好是玻璃材质吸引人的一部分。比如珠宝首饰设计师会专门针对玻璃的易碎特性，采用拼接、抽象等手段创作出与众不同的当代珠宝首饰。

其次，玻璃具有可塑性。玻璃可以在固态和液态两种状态中任意游走，当玻璃由固态向液态转化时，其形体塑造的随意性、偶然性使玻璃的造型有无限的可能。高温下玻璃迅速熔化和冷却，其形态几分钟内就被固定，所以，玻璃的艺术表现具有即时性特点，这个特点可以使设计师有更多艺术创意上的突破。此外，不同玻璃材料有不同的物理特性，高硼硅玻璃、铅钡玻璃、铅玻璃和碱玻璃等的熔点、软化点、工作点、冷却时间、热稳定性都不一样，这主要取决于玻璃成分中二氧化硅、钠和钙含量的多少。此外，它的延展性也是其他传统珠宝首饰材质所不及的。熔融、切割、塑形等制作方式展现出的光影效果，使更多珠宝首饰设计师沉迷于玻璃形态的多样性研究之中，这也是珠宝首饰设计师应用玻璃进行珠宝首饰创作设计的切入点。

二、玻璃类珠宝首饰设计案例

在传统珠宝首饰制作中，由于贵金属和宝石的稀有导致产品的价格较为昂贵，而玻璃材料在成本价格方面具有天然的优势，故而，玻璃在当代珠宝首饰制作中具备大量被采用的可行性。

1.Bubun 玻璃首饰设计

日本独立设计师品牌 Bubun 成立于 2016 年，由 Megumi Jin 和 Nobuyuki Jin 创立。品牌名字象征着对于“局部”的关注，比如珠宝首饰的细节，佩戴者身上的珠宝首饰，或者宇宙中的个体。它也包括精神和时间的意义，比如一件珠宝首饰所唤起的记忆中的某个片段。Bubun 以简约的设计语言，将材料与形式有机地结合，充分利用玻璃与皮革的特质，创作出具有美感和装饰性的几何形状饰品。波浪形态的玻璃手镯、玻璃波浪耳环的主体都采用玻璃材质，但是也没有完全抵触其他金属的加入（图 4-41、图 4-42）。波浪耳环在和耳朵接触的部分选择了 K 金，如此设计也是为了获得更好的佩戴体验。纯粹透明的球体耳环，正因为是玻璃材质，才可以无缝连接，不像传统珠宝首饰需要借助镶爪来固定，整体更显轻快利落（图 4-43）。玻璃耳线采用较小颗粒球体，直接对标珠宝首饰中极常用的珍珠材料（图 4-44）。正因为玻璃饰品非常少见，所以其出现在珠宝首饰中总是能让人耳目一新。

图 4-41　玻璃手镯

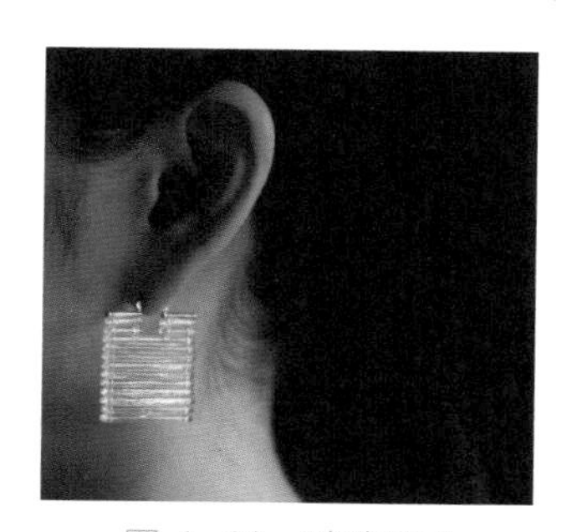
图 4-42　玻璃耳环

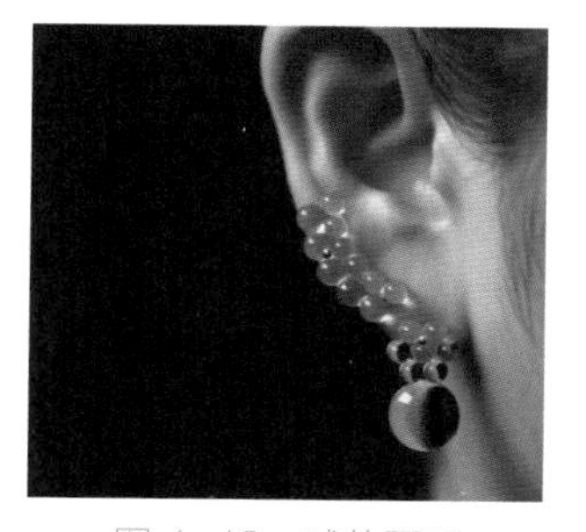
图 4-43　球体耳环

图 4-44　玻璃耳线

2.HARIO LWF 玻璃首饰设计

原以咖啡器具闻名的 HARIO（哈里奥）是世界三大耐热玻璃厂之一。后来，HARIO 将玻璃制作的精湛技艺沿用到了饰品上，设立了将玻璃灯工艺与现代设计结合的珠宝首饰品牌——HARIO Lampwork Factory（哈里奥灯具厂，简称 HARIO LWF），主打优雅干练的饰品——耳环、项链、戒指、手链、胸章、发饰，大部分为玻璃与金属系列，也有金箔、雾面、伊势珍珠系列，设计简单大方，款式相当丰富。HARIO LWF 旨在出品机器难以做出的细致玻璃工艺品，只有拥有资深纯熟技法的玻璃手工艺者才能制作出如此精细的玻璃制品。HARIO LWF 利用耐热玻璃可耐受急速温度变化的特性，在制作中可以流畅地将玻璃延展、吹塑、精雕造型，制成精细的饰品。HARIO LWF 的玻璃展现出了不同于其他传统饰品材质的简约清透、低调优雅的气质。HARIO LWF 多以大自然的题材为设计理念，例如露珠、树叶经脉、花朵、星星等，还原自然界的细微末节，清澈透明又细腻温柔，百合和山茶花轻轻点缀，增添高雅气质，水柱造型将大自然的水流感表现得淋漓尽致（图 4-45）。透明纤细的玻璃，为都市女性增添柔和与浪漫。

图 4-45　HARIO LWF 耳饰

3.KEANE 玻璃首饰设计

KEANE 是一个成立于 2017 年的纽约设计师品牌。该品牌首饰都是用玻璃手工制作的，色彩缤纷，活力青春。设计师 Colin Keane 是一位玻璃雕塑家，15 岁时就在意大利学习玻璃工艺。与玻璃吹制大师在意大利度过了一个夏天后，这位设计师彻底被玻璃迷住了。他的设计中充斥着精灵鬼马的艺术风格。Colin 的灵感来源自 20 世纪 90 年代小孩子玩的万花筒，它的美妙之处在于瞬息万变的景色，将无序的材料赋予独特的艺术表现，所以 KEANE 的首饰有着糖果般的活力（图 4-46）。

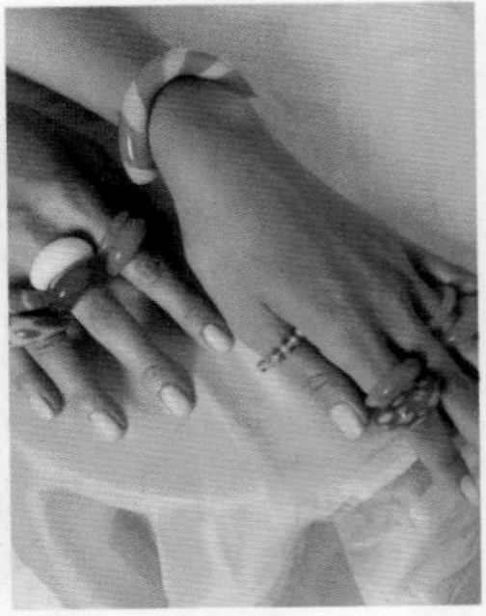

图 4-46　KEANE 戒指

KEANE 运用玻璃灯的手工制作方式，以玻璃管为基材，在专用的喷灯火焰上进行局部加热，利用其热塑性和热熔性进行弯、吹、按、焊等加工成型，手法细腻到可以看到玻璃中藏匿的梦幻小气泡。有着传统威尼斯玻璃制作工艺和扎实的玻璃灯具制作工艺的加持，作品清透度惊人，把玻璃做出了不逊于珠宝的高级感。

第八节　贝壳类材料及设计案例

贝壳（shell）是生活在水边或水里的软体动物（贝类、蚌类、海螺类等）所具有的钙质硬壳。历史上，贝壳曾经有举足轻重的地位，史前人类就已经开始将贝壳钻孔进行佩戴。

一、贝壳类珠宝首饰概述

由于贝壳的美丽外观，人类很早就使用贝壳作为装饰。北京周口店山顶洞人遗址中就曾考古发现古人用打孔的贝壳制成装饰品，这应该是人类最早的贝壳饰品。随着时代的发展，贝壳饰品不仅局限于原始形态，切割打磨后的贝壳制作成珠子、弧面宝石、随形切割宝石、雕花形状、扣子、贝雕（CAMEO），甚至是镶嵌成盒子，结合螺钿工艺镶嵌在家具上。在当下流行的珠宝首饰中，我们也能看到各种贝壳的身影。虽然贝壳很好看，但品种十分繁多，并不是随便一个贝壳就可以拿来制作首饰，通常像鲍鱼贝、黑蝶贝、白蝶贝、女王螺、万宝螺等这些层次分明、光泽漂亮的贝壳才可能用于制作珠宝首饰。

二、贝壳类珠宝首饰设计及案例

早在20世纪，贝壳元素就成为时装设计的灵感来源。2001年春天，英国时装品牌亚历山大·麦昆将贝壳真正地搬上了秀场。模特身着由各式贝壳制成的紧身衣和连衣裙，其独创性震惊了当时的时尚界。贝壳元素也是珠宝首饰设计师用来表达有关自然、海洋主题的常用材料。坚固而温和的贝壳，散发着令人神往的海洋气息和与时俱进的环保理念。设计师们把人类对贝壳的探索和创作发挥到极致。

1.Ryan Storer 的贝壳首饰设计

来自澳大利亚的小众珠宝品牌 Ryan Storer 以传统珠宝元素勾勒出优雅高贵的女性形象，设计风格上擅长用流畅线条打造气质不凡的首饰。Ryan Storer 最迷人的设计特色，就是将珍珠、贝壳、金属与钻石等元素巧妙地结合（图4-47）。如枝丫般蜿蜒的金属线条于颈间温柔流动，散

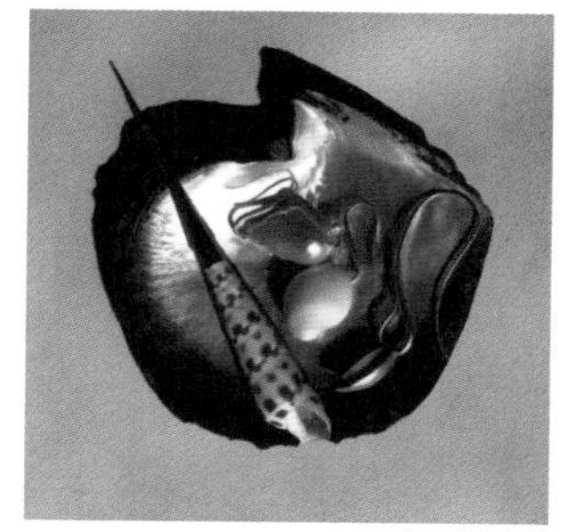

图4-47　Ryan Storer 贝壳耳饰

发着雅致光泽的纯白珍珠于耳畔静默垂荡。Ryan Storer 深谙以传统珠宝元素勾勒女人优雅高贵的形象，同时又将有机的流畅线条融入这些美丽饰物中，打造出不凡的气质。

2.Danni Schwaag 的贝壳首饰设计

Danni Schwaag 是一位德国珠宝艺术家。在 Danni Schwaag 看来，制作首饰的动机源于内心的冲动，这些原始想法可以在创作过程中转变成完全出乎意料的东西，而在这个过程中应始终保持开放的状态，让“意外”和“惊喜”得以出现。Danni Schwaag 在学校时就已经发展出自己以材料为出发点的设计风格。她对形式和材料的敏锐感知，让材料在她的手中变为充满二维图案化趣味的艺术首饰。“器官”系列胸针的造型灵感来源于人体器官的形状（图 4-48）。“泡沫”系列的项链采用了珍珠母、线、银管等材料，造型简洁大胆，保留了贝壳的原始质感（图 4-49）。

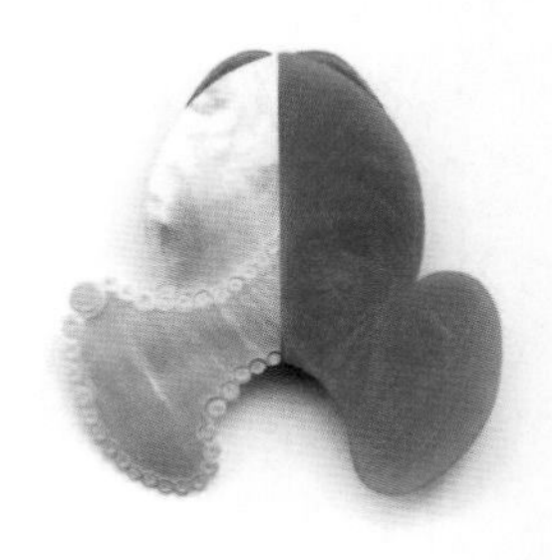

图 4-48 “器官”系列胸针

图 4-49 “泡沫”系列项链

第五章
珠宝首饰与服装搭配

珠宝首饰是人类文明发展的附属品。在人类文明长期的发展过程中，珠宝首饰承载了宗教权威意识、爱情信物意识、财富地位象征意识、荣耀意识等价值形态。而如今更多时候，珠宝首饰彰显了装饰的作用，在人们的衣着服饰生活中占有重要地位。它凝结了设计师的创意成果和理念，带给爱美人士不可或缺的精神慰藉。

随着人们物质生活水平的不断提高，人们对珠宝首饰的品质要求也越来越高，促使珠宝首饰的材料日益精良、名贵，大量选用金银珠宝，珠宝首饰的造型日新月异，工艺更是精湛烦琐。早在 18 世纪，珠宝首饰在贵族皇室中就深受喜爱。欧洲贵族皇室们为了让服装看上去更为华丽，都会在袖口、衣领处上加以宝石作为点缀，而女士们也常常会挑选珠宝首饰来搭配当天的服装，远远望去甚至成了服装造型的一部分。所以，珠宝首饰是与服装相搭配的，它从属于服装。在佩戴时，珠宝首饰需在质感、款式、工艺、色彩、功能、肌理上都与服装风格相协调。它作为服装的局部个体，既点缀了服装，又提升了品位。它是服装表现形式的一种延伸，二者之间建立了一种日趋强烈的依存关系。珠宝首饰与服装相互搭配最终可成为一个整体去塑造人物形象。珠宝首饰设计与服装的搭配原则为体量有讲究、风格须一致、色彩要搭配、主题要统一、重点要突出（图 5-1）。

图 5-1　某品牌 2023 年春夏成衣

第一节　常见的珠宝首饰

珠宝首饰分类的标准很多，但最主要的不外乎按材料、工艺手段、用途、装饰部分来划分。本节从装饰部位的角度将珠宝首饰划分为戒指、耳饰、项链、手链、手镯、胸针，并对不同饰品的历史、意义及佩戴方法进行阐述。

一、戒指

从手上的装饰到爱情的象征，戒指一直伴随着人类历史的演进。现代人将其视为不可或缺的饰品，而戒指在中国的起源可追溯至2000年前，早在西方国家兴起订婚戒指的时候，中国已经存在着丰富的戒指文化。

在公元前2500年左右，埃及人就开始佩戴金属戒指，并在戒指上刻上吉祥符号。在古希腊和古罗马时期，戒指文化被发扬光大。贵族们开始佩戴宝石装饰的戒指，而由天竺出口的印度红宝石则是古罗马人的最爱。中世纪的戒指主要是由教堂所掌管，用于婚姻和信仰仪式。文艺复兴时期，戒指的设计和制作达到了新的高度，在18世纪和19世纪的欧洲，戒指成为开斋节、婚礼、葬礼等场合的重要礼品。

在中国，戒指的起源可以追溯到秦汉时期。人们称之为“指环”，而以“戒指”为名则从元代开始。戒指的使用至少有两千多年的历史。据悉，戒指起源于古时的中国宫廷。女性戴戒指是用以记事。戒指是一种“禁戒”“戒止”的标志。当时皇帝三宫六院、七十二嫔妃，在后宫被皇帝看上者，宦官就记下她陪伴君王的日期，并在她的右手上戴一枚银戒指作为记号。当后妃妊娠，告知宦官，就给她戴一枚金戒指在左手上，以示戒身。后来，戒指传至民间，男女互爱，互相赠送，山盟海誓，以此为证。戒指起源于实用，而后逐渐转向审美和财富的统一，并逐渐被赋予不同的文化意义。如今戒指已普遍为人们所喜爱，并且在现代生活中，经常作为服饰搭配中必不可少的装饰，甚至作为婚礼时必须准备的信物。

1. 戒指的佩戴与寓意

戒指自古以来便是人们情感的载体和身份的象征。它的戴法在历史的长河中逐渐形成了丰富的含义。每一枚戒指都承载着佩戴者的情感、意愿和期待。

（1）左手大拇指。在古代罗马文献中，戒指戴在左手大拇指被视为有权势和自信的象征。它代表着佩戴者的身份、地位和尊贵。在中国文化中，大拇指戴戒指也有类似的意义。这个位置的戒指通常称为扳指，是权力和地位的标志。

（2）左手食指。食指是人们日常使用的手指之一，也是佩戴戒指的热门选择。单身的人将戒指戴在左手食指上可以表明自己处于单身状态，并且渴望遇到有缘人。而如果已经结婚，将戒指戴在食指上则表示对婚姻的尊重和忠诚。

（3）左手中指。左手中指戴戒指通常表示已经订婚。这个手指的位置象征着平衡与责任，因此订婚戒指常常戴在这个手指上。此外，中指也是展现个性和创造力的手指，因此一些时尚设计戒指也常选择在中指上展示。

（4）左手无名指。左手无名指是佩戴结婚戒指的专属手指。这个手指有特殊的寓意，因为它有一根血管连接着心脏，因此结婚戒指佩戴在这个手指上代表着夫妻双方的爱心紧密相连。左手无名指上的结婚戒指是爱情的见证，也是对婚姻的承诺。

（5）左手小拇指。左手小拇指是佩戴尾戒的首选位置。将戒指戴在左手小拇指上可以展示佩戴者的艺术气质和独特个性。此外，左手小拇指上的戒指还可以表示佩戴者处于单身状态，享受自由和独立的生活方式。

（6）右手大拇指。在西方文化中，右手大拇指戴戒指通常表示佩戴者处于单身状态，并且希望建立新的恋爱关系。这个手指上的戒指材质通常为宝石或贵重的金属材质，展现出佩戴者的独立个性和自信魅力。

（7）右手食指。右手食指戴戒指表示佩戴者处于单身状态，并渴望恋爱和浪漫的邂逅。这个手指上的戒指通常为简约时尚的设计，展现出佩戴者的独立自主和追求自由的个性。

（8）右手中指。右手中指戴戒指表示佩戴者已经有了恋人或者正在热恋中。这个手指上的戒指通常为情侣戒或者心形戒等浪漫款式，代表着两人之间的爱情和承诺。

（9）右手无名指。右手无名指戴戒指表示佩戴者已经结婚或者正在筹备婚礼。这个手指上的戒指通常是结婚对戒或者情侣对戒，代表着夫妻之间的爱情和承诺以及对未来婚姻生活的期待和愿景。

（10）右手小拇指。右手小拇指戴戒指表示佩戴者处于单身状态，并且不希望被打扰或者追求自由自在的生活方式。这个手指上的戒指通常设计简洁，体现出佩戴者不拘一格的个性。

在西方国家，戒指在很大程度上是与爱情和承诺联系在一起的，因而衍生出了代表着坚韧爱情的象征物——钻戒。西方国家结婚钻戒的戴法比较固定，必须戴在男女新人的左手无名指上，用来表示对爱情和婚姻的守护。

2. 戒指的分类

戒指从材料上分有黄金戒、白金戒、银戒、钻石戒、嵌宝戒、玉戒等。黄金戒和白金戒又分为纯金戒指与 K 金戒指。钻石戒指是用钻石镶制而成的。嵌宝戒是在戒指上镶嵌宝石。玉戒是用玛瑙、翡翠、新山玉、绿密玉等各种玉石材料制成的戒指。

根据材料与样式，戒指可分为线戒、文字戒、钻戒、嵌宝戒、装饰戒。

（1）线戒。线戒是一种最常见、最普通的样式。其造型流畅，富有变化，适宜面广，因而备受青睐。线戒有三种样式。一种是光线戒，即戒身上刻有菱形、波纹形、S 形或者其他几何形图样的戒指。由于这种戒指所刻的花纹具有一定的闪光度，故也可称为“刻花闪光戒”。这种光线戒有粗细之分，粗型光线戒也适合男士佩戴。第二种线戒是钻石线戒，一般在戒身上并列镶嵌五颗小钻石，小钻石排列成一线，形成一种流畅、精致的造型。钻石线戒不仅造型秀美，并且由于钻石的闪光而显得无比雅致。第三种线戒是阔条线戒，其造型以方、正为主要特点。方戒的开面大，具有立体感较强的花纹，戒指的线条块面以直线条、大块面为主，整体造型简单、大方、棱角分明，比较适合于男性佩戴。方戒一般多以 18K 以上的金制成，具有含金量高、份量重的特点，戴在手上很有气派。方戒的戒面造型一般比较简单，但也有刻花纹的方戒、镶嵌钻石的方戒、刻字的方戒（图 5-2）。

图 5-2　卡地亚戒指

（2）文字戒。在戒面上刻有各种字，如“福”“禄”“寿”“吉”等，以此作为吉祥之意。刻字的戒面有方形、菱形、圆形、椭圆形等。制作名字戒的材料主要以金、银为主（图 5-3）。

图 5-3　六字真言转运戒

（3）钻戒。在戒身上镶嵌钻石的戒指称为钻戒。镶嵌的钻石有单粒的，也有多粒的。造型亦十分丰富，有的用若干颗小钻石组成一朵主要的花形，有的是主要花与陪衬花组合而成（图 5-4）。

（4）嵌宝戒。在金属戒身上镶嵌各种宝石的戒指称为嵌宝戒。宝石的造型有椭圆形、方形、多边形等。有整块的宝石镶嵌，也有用整块与小块组合镶嵌（图 5-5）。

图 5-4　蒂芙尼六爪镶嵌钻戒

图 5-5　梵克雅宝宝石戒指

（5）装饰戒。装饰戒也称作艺术戒，是纯粹作为装扮、装饰用的戒指，它注重造型，不代表其他任何含义（图 5-6）。装饰戒的造型多样，颜色丰富，选材上不受限，可采用金属、宝

图 5-6　花形装饰戒指（李璐如绘制）

石、钻石、木质、玻璃等。首饰佩戴虽然有许多传统的习惯和所谓的“规范”，但每一个时代都会产生与这个时代相一致的审美观念和审美情趣。在现代，年轻人除了订婚、结婚受传统影响而佩戴正式的、贵重的戒指外，平时戒指只是作为一种与服饰装扮配套的饰品，作为一种装饰趣味和个人品位与风格特点的展现。因此，各种材料、各种造型的新颖戒指应运而生。

3. 选购戒指的方法

人的手就其肤色而言，有白、黄、黑、红之分；就形状而言，有大小、胖瘦、粗细、长短之分；就皮肤质感而言，有粗糙与细腻之分。手的自然特征决定了和哪种戒指相配最为得当。

（1）手指长而纤细且白皙细嫩型。这是佩戴戒指的最佳手型，任何色彩、任何款式的戒指在这种手指上都会熠熠生辉。精巧的戒指，可使纤纤细指平添风采；如果戴上粗线条的戒指，会使手指在戒指的对比衬托之下显得秀气和美丽。

（2）手掌和手指粗大型。在选择和佩戴戒指时，应该避免细小而精致的戒指。因为粗大的手与精细的戒指形成反差，会使手更显粗大，戒指显小。但是，也不适合佩戴过大的戒指，因为大手大戒指，会使人感到笨拙。可以选择中等大小的戒指，最好是嵌宝戒、钻戒或者是玉戒。

（3）手掌和手指都偏小型。此型不太适合佩戴大戒指，比如粗犷型戒指、镶嵌整粒大宝石的戒指等。大而饱满的戒指会使手显得很小，如果佩戴造型精巧的戒指，如小的镶宝戒指会映衬出手型的细巧，显得手指秀丽可爱。手型小的人最好不要戴两个以上的戒指。

（4）手指指关节明显型。关节明显的最好佩戴造型不规则的戒指。如 V 字形戒指的尖端指向掌心，利用视觉导向而使手指增长。手指粗短的人不要戴镶宝石戒指、方戒、圆戒，应该佩戴线条流畅的线戒。

（5）手部皮肤偏黑型。佩戴戒指时首先注意戒指色彩与皮肤肤色搭配协调。黑里透红的皮肤不要戴有绿宝石的戒指或翡翠戒指，因为色彩的鲜明对比会显得俗气。可以佩戴红宝石、黄宝石等暖色调嵌宝戒，它既可以把手背肤色衬托得漂亮，又与手背对比不强烈，这种弱对比显得和谐。

4. 戒指的尺寸与测量

我们常说的戒指尺寸大小，在珠宝首饰行业中的专业术语称为手寸，根据戒指的内圈直径和周长，划分出不同的戒指号码，方便生产和佩戴。手寸取决于所佩戴手指根部的粗细，因此，可以简单理解为“手指的尺寸”，决定了所要佩戴戒指的号码，两者吻合，佩戴起来是最合适的、最舒服的。

男生的手寸一般大于女生，男生的手寸一般在 17 ~ 27 号之间，而女生的手寸多在 7 ~ 14 号之间。手寸以毫米为单位，用号码来表示。在选购戒指的时候一定要选适合的尺寸，这样才能保证日后佩戴的舒服度。所以在购买戒指前，我们先要测量预佩戴戒指手指准确的尺寸，再根据对应的戒指尺寸选择合适的戒指。选择戒指时还要注意以下事项。

（1）想要得到更确切的尺寸，需要在 19：00～21：00 的时候测量，因为这个时候手指尺寸最为准确。

（2）不要在天气过冷时测量手指，因为这个时候手指的尺寸是最小的。

（3）在无法确定具体尺寸号的时候，可以选择相对较大的手寸号（大半号或 1 号）。

（4）根据季节不同来适当调整自己的号码。冬天购买戒指，由于天气较冷，手指比夏天要细一号到半号，戒指以戴上后可以左右旋转但不易脱落为宜；夏天则以戴上后感觉稍紧为宜。

（5）一般戒指戴于食指、中指或无名指上，大部分女生佩戴的戒指号数为 10～15 号，其中 12 号、13 号的较多；大部分男生佩戴的戒指号数为 17～22 号，其中 18～20 号的较多。

（6）可以去首饰实体店找专业的服务人员进行测量。

关于戒指号，中国主要有内地标准和香港地区标准（表 5–1、表 5–2）。

表 5–1　中国内地戒指尺寸标准

中国内地标准尺寸	周长/mm	直径/mm	中国内地标准尺寸	周长/mm	直径/mm
4	44	14.0	16	56	17.8
5	45	14.3	17	57	18.2
6	46	14.6	18	58	18.5
7	47	15.0	19	59	19.1
8	48	15.3	20	60	19.1
9	49	15.6	22	62	19.7
10	50	15.9	24	64	20.4
11	51	16.2	26	66	21,0
12	52	16.6	28	68	21.7
13	53	16.9	30	70	22.3
14	54	17.2	32	72	22.9
15	55	17.5	34	74	23.6

表 5–2　中国香港地区戒指尺寸标准

中国香港标准尺寸	周长/mm	直径/mm	中国香港标准尺寸	周长/mm	直径/mm
6	45	14	16	57	18.2
7	46	14.5	17	57.5	18.3
8	47.5	15.1	18	58	18.5
9	48	15.3	19	59	18.8
10	50.5	16.1	20	61	19.4
11	52	16.6	21	62	19.7

续表

中国香港标准尺寸	周长/mm	直径/mm	中国香港标准尺寸	周长/mm	直径/mm
12	53	16.9	22	63.5	20.2
13	53.5	17	23	64	20.4
14	55.5	17.7	24	66	21
15	56.5	18			

二、耳饰

耳饰由来已久。从占卜守护到趋病除邪，从追求睿智到追逐时尚，从区分奴隶的标志到新潮女性又到时尚男性，耳环历尽亘古，跨越时空，不断地发出熠熠光芒。

耳饰的历史可以追溯到原始社会时期，那时人类已经有了把耳朵穿孔戴耳饰的习惯。最早耳上有穿孔的人是甘肃天水柴家坪新石器时期仰韶文化遗址出土的有耳孔的陶塑人，距今已5000年（图5-7）。

图5-7　红陶人面像——有耳孔的陶塑人

中国耳饰的历史可追溯到新石器时期。最早的耳饰称为玉玦，形状为有缺口的圆环形，多为玉制。据说古人饰玉玦有两个含义：一是表示有决断性；二是用玉玦表示断绝之意。耳环则是随着冶金技术产生而出现的。据考证，最早的耳环用青铜制成，商代后出现了嵌有绿松石的金耳环，到了明代，耳环式样已相当多了。

明代《留青日札》一书中说："女子穿耳，带以耳环，盖自古有之，乃贱者之事。"原来穿耳的最初意义并不在于装饰，而是为了起到警戒的作用。因为有些妇女过于活跃，不甘居守，有人便想出在女子的耳朵上扎上一孔，并悬挂上耳珠，以提醒她们生活检点，行动谨慎。那个时候的女子对穿耳之举并不像现今女性那么热衷，而是处于被迫的地位。到了宋明时期，由于礼教思想的抬头，妇女穿耳之风空前流行，不止一般的妇女，就连皇后、嫔妃也不例外。时间一长，穿戴耳环便形成了风气。

耳饰在不同文化和地区有着不同的含义和文化背景。在中国古代，佩戴耳环曾是"卑贱者"的标志；在古罗马，耳环标示着奴隶的身份，譬如负责拉车工作的努米底亚人需要佩戴耳环；在英国戏剧家莎士比亚的宫廷戏中，丑角一般都会在其左耳佩戴耳环；海盗在耳朵上戴长长的贝壳大耳环，希望以此博取上苍的庇护；吉卜赛人把耳环挂在继上一个孩子夭折之后诞生的儿子的耳垂上；俄国妇女为了保佑丈夫在战争中不受伤，也用耳环给他们做护身符。耳饰的历史悠久，随着岁月的流逝，各种材质、形状各异的耳饰都有，许多象征意义也变得模糊，耳饰更多用来作装饰。如今，耳饰不仅受女性的喜欢，有些男性也会将耳饰用来作搭配服装。

1. 耳饰的分类

耳饰根据佩带方式分为耳钉、耳环、耳坠、耳钳等。它们的共同特点是都戴在两耳垂上，左右对称，或个别为单耳佩戴。

（1）耳钉。耳钉是在主体背后焊接一根与主平面垂直的钉而成。该钉穿过耳垂孔后，用耳背（或称云头）固定在耳朵上。

（2）耳环。耳环是呈环状的耳饰类型，常以各种方式和不同组合被固定在环上。

（3）耳坠。耳坠的结构分为两部分：其一是与耳朵主体固定的部分，或为耳钉，或为耳钩；另一部分一般是耳坠主体，它与上一部分以可活动的方式连接。

（4）耳钳。耳钳是在主体的背后焊接一个夹子或螺钉，靠夹子的弹力或螺钉的压力固定在耳朵上。由于戴这类耳饰不用打耳孔，所以特别受那些既不想打孔，又想戴耳饰的女士所青睐。

2. 耳饰的挑选方法

耳饰佩于脸部的左右两侧，而人的脸部是最引人注目的，所以耳环、耳钉佩戴得是否得体，十分重要。耳饰佩戴得当，可为佩戴者的形象起到锦上添花的作用。因此，不论佩戴者的审美情趣如何，艺术修养怎样，在佩戴前都要根据自己的脸型、发型、肤色、服装及职业等因素进行综合考虑。

（1）脸型。耳饰要与脸型相协调，不同的脸型适合不同款式的耳饰，选择适合的耳饰可以修饰脸型。

①圆形脸。圆形脸本来已是很丰满的脸型，因此这种脸形的人不能戴又大又圆的扣式耳环，因为这种耳环会使人加深脸部丰满的感觉，使得脸看上去更圆更胖。这种脸型的人可选择佩戴珠宝串缀而成的长线型耳饰，它会使人的视觉感到佩戴者的脸部增长了一些。或者宜戴小而明亮的单粒钻石耳钉，一方面因耳钉体积小，不会增加脸部的宽度；另一方面钻石闪闪发光，易使人的视线集中到脸的中部，使脸型变窄，看上去显得协调而得体（图 5-8）。

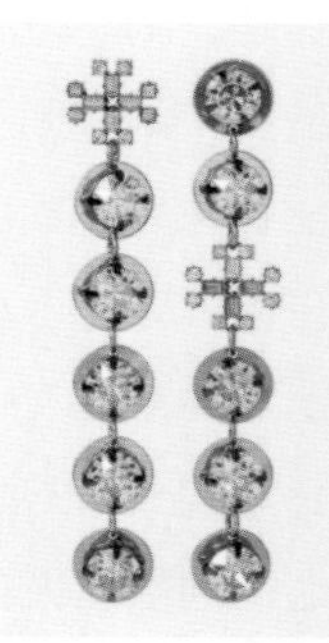

图 5-8　托里 · 伯奇吊坠耳环

②长形脸。长形脸的人适合戴紧贴耳朵的圆形耳饰或者纽扣造型的耳环，避免有纵向延伸感的

款式，因其会让佩戴者的脸显得更长。瘦长的脸型适合弧形或横向设计的耳饰，如花形、心形等，可选择造型夸张的款式，长度则以贴耳式短坠或耳钉为宜，可以增强脸部的生动感（图 5-9）。

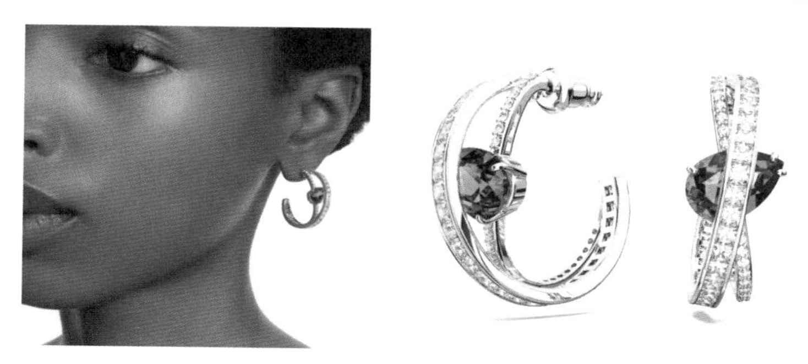

图 5-9　施华洛世奇大圈耳环

③瓜子脸。瓜子脸并不是完美的脸型（这种脸型的特点是上圆下削，或是额大颚尖）。对于瓜子形脸型，修饰脸型的要领是可少许增大下颚的宽度，从而产生变瘦削为丰满的视觉效果。所以既可佩戴花朵状的耳钉，使人显得恬静高雅；亦可佩戴垂式简练的荡环，使人显得活泼、潇洒（图 5-10）。

图 5-10　华伦天奴金属耳环

④菱形脸。菱形脸是比较特殊的一种脸型，上面和下面比较尖，中间比较圆润，如果戴上一个纯耳钉的话，会没有特点，甚至有时候戴上了也不容易看见，对整体的造型就不会加分。菱形脸的人适合佩戴异形耳饰，从而打破菱形脸型的轮廓感。菱形脸的女性戴上这种耳环就会中和自己脸上的菱角，整体看起来没那么硬朗，会柔和一些（图 5-11）。

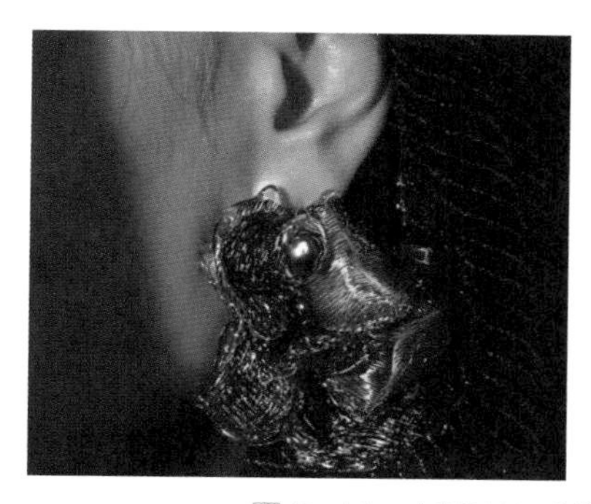

图 5-11　ATRIAL SENSING 花形耳环

（2）发型。耳饰要与发型相搭配。留披肩长发的女性，佩戴狭长的耳坠会显得漂亮而醒目；留短发的女性，如耳饰与发梢同样长，会影响美感，短发与精巧的耳钉搭配可衬托女性的活泼和精明；留不对称发型的女性，如佩戴一只大耳环，能起到平衡作用，显得别有风韵；而古典的发髻搭配吊附式耳饰使人端庄典雅。

（3）体型。耳饰与体型的协调也很重要。身材矮小的女性，如佩戴贴耳式点形小耳饰，会显得优雅、清秀、玲珑；如戴上有坠子的耳饰，由于视觉导向的下移，体型将显得更矮小。身材瘦高的女性，佩戴耳坠或大耳环，可增加美感。

（4）肤色。耳饰颜色的选择还要与脸的肤色相配。暖肤色的人应佩戴偏暖调的耳饰。肤色偏冷、带有玫瑰色调的人，则最好选择偏冷调的耳饰，如玫红色、蓝色、紫色、粉色等。佩戴合适的耳饰颜色会提升佩戴者的气色和气质。

三、项链

项链是一种佩戴在颈部的装饰物。项链的起源较早，在原始社会早期就已出现了以石、骨、草籽、动物的齿、贝壳等穿孔串成的“原始项链”。很多人认为这就是项链的前身。但在当时，佩戴这些物品并非出于审美需要，因为在装饰艺术史上，功利性先于、高于艺术性。不仅仅是项链，很多首饰的前身都不是为了装饰而发明出来的。

有人认为，项链可能与原始社会时期人们保命和图腾、祭祀行为有关。他们认为颈部连接头部与躯干，是生命关键之所在，故必须在其上套以饰物，以超自然的魔力保护。有图腾的民族会选择图腾的一部分，充当颈部的咒物。而部分民族学家认为，原始民族这种佩戴项链的行为是出于记数、记事的需要，只是为了在同伴中比试谁猎取的动物多，是出于一种功利性的目的。由功利性逐渐向审美性发展，是经过了年代的流逝而逐渐形成的。随着生产的发展、社会的进步，项链所采用的原料也愈加丰富，逐步形成了今天的完美形式。

1. 项链的分类

项链作为人们常佩戴的一种饰品，它的款式必然是多种多样的，而且不同的款式有不同的结构，带来不同的美观感受。所以，可根据不同的项链款式与服装进行搭配，以达到最佳的装饰效果。

（1）无宝链。无宝链是纯粹的贵金属材料制作的项链，其特点是整条链一般仅由一种花纹式样重复连接而成。主要款式有圆筒链、方字链、侧身链、牛仔链等（图 5-12）。

（2）花式链。花式链是由两种以上不同式样的链条或花片拼接而成的项链，一般都镶嵌有宝石。主要款式有镶钻链、镶宝链、镶珠链、子母链等（图 5-13）。

（3）挂件链。作为项链的组成部分，挂件链由金银搭配宝石、象牙、玉、翡翠等不同材料制作（图 5-14）。

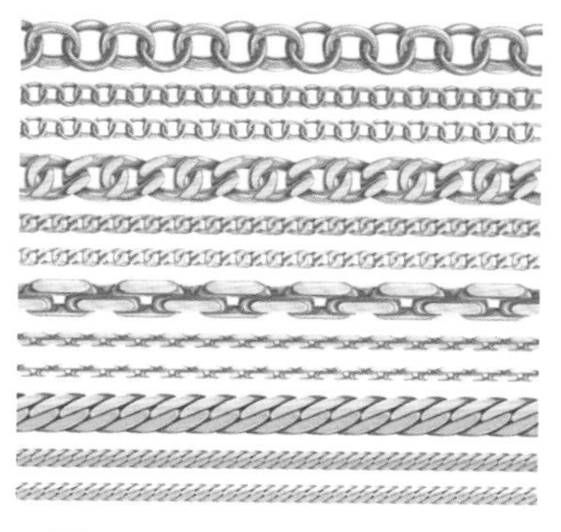

图 5-12　不同款式的无宝链

图 5-13　梵克雅宝镶钻项链

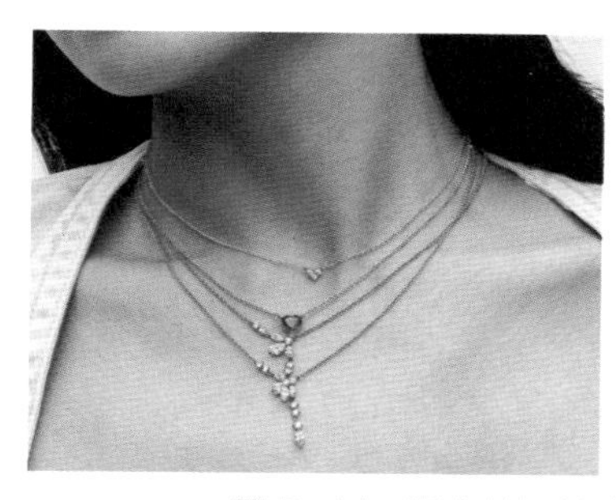

图 5-14　潘多拉闪耀光环心形吊坠锁骨链

（4）多串式项链。多串式项链是由不同等分长短的串珠组成，采用多串式结构。项链的选材多为珍珠、象牙、玛瑙、珊瑚、玉等，是一种较为典型的珠宝项链（图 5-15）。

图 5-15　迪奥罗盘八芒星系列项链

（5）短项链。短项链是紧贴于颈根部的项链，多采用珍珠、象牙、玛瑙或人造宝石等制作，具有玲珑精细、雅致美观的特点（图 5-16）。

（6）宽宝石项链。宽宝石项链是一种由缎带制作并在上面镶有宝石或其他装饰物的项链，通常戴于颈根部。项链上的装饰物一般为天然珍珠、玛瑙、翡翠或人造宝石等，具有柔软、舒适的特点。

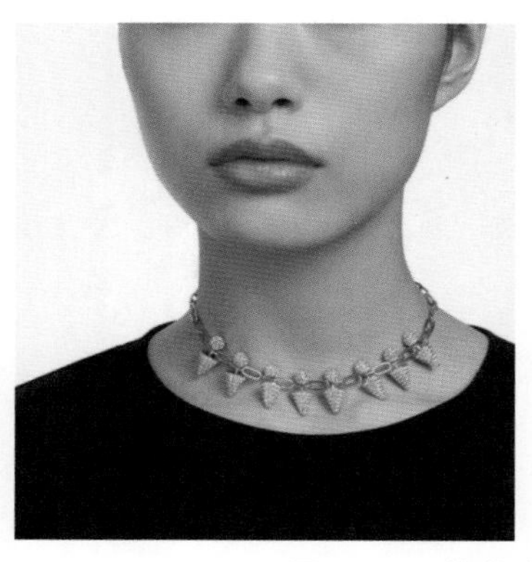

图 5-16　施华洛世奇 Luna 系列短链

2. 佩戴项链的注意事项

佩戴项链应与自己的年龄及体型协调。如脖子细长的女士佩戴仿丝链，更显玲珑娇美；马鞭链粗实成熟，适合年龄较大的妇女选用。佩戴项链也应与服装相呼应。例如，身着柔软、飘逸的丝绸衣衫裙时，宜佩戴精致、细巧的项链，显得妩媚动人；穿单色或素色服装时，宜佩戴色泽鲜明的项链。这样，在项链的点缀下，服装色彩可显得丰富、活跃。

（1）佩戴项链在选择款式、色彩与服饰配套方面，要注意以下几点。

①要注意款式对路，尺寸准确。项链尺寸视人而定，脖子粗的，尺寸要大些，反之则小些。衣领高，项链尺寸不要太长，否则挂件不宜露出。穿一字领羊毛衫，可只戴项链，不配挂件；穿三翻领及高领羊毛衫、绒毛衫，项链要戴在衣服外面，挂件要没有棱角、毛刺，以免相互摩擦。

②要考虑装饰效果，服饰配合。如果要突出项链上的挂件，项链就不宜太长太粗。如果只考虑项链的美观，还要注意项链的款式和服装款式的配合，有的用单串式的，有的用多串式的。

③要讲究不同质料匹配效果。不同质料的项链与不同服装款式相匹配时会产生不同的效果，如果穿着红色西装套裙，配上一根金项链，显得热情洋溢，适合出席喜庆宴席等场合；如果穿天蓝色真丝乔其纱连衣裙，配上一根银项链，会显得温柔开朗，妩媚多姿；有时在紧身的运动裙服上，配上一根金项链，也会使人更加轻盈活泼；如果穿一条淡绿色和白色小花相间的真丝乔其纱衣裙，配上一根银白色珍珠项链，会使人充满明朗凉爽的气息；如果穿一身洁白色的衣裙配上红色的珠链，将显得更加俏丽而富有魅力。

（2）要注意不同的服装领型与项链的搭配。一般常见的领型有圆领、V 领、高领、一字领、方领等，不同领型的服装需要选择不同款式和长度的项链来搭配，以营造出最佳的整体效果。

①圆领。圆领的领口设计高而窄，不适合脖子短、肩宽的体型。若是在穿着这类领型的单品时再佩戴一条锁骨链或是项圈，很容易有种勒出脖子的感觉，也对身材毫无修饰作用。建议佩戴自然下垂、呈 V 字形的长项链，即便短脖子穿小圆领，也会起到视觉上拉长脖子的效果。

②高领。穿高领服饰时佩戴项链要点如下。首先，要挑长度接近胸前位置的长项链；其次，

衣服面料与项链颜色的对比要足够明显，才能起到拉长脖子与显脸小的作用，打造出一种假 V 领的既视感。

③ V 领。V 领在搭配项链时，只要不佩戴过于夸张笨重的款式，基本都不会出错，但若要达到显脸小的效果，则要根据 V 领的领口深度来挑。一般 V 领都分为小 V 领和深 V 领两种，前者更适合佩戴长度不超过小 V 领半身深度的项链，能在修饰脖颈的同时，又不拉长上半身的身长。深 V 领单品在穿上身后，露肤面积较大，这时就可以佩戴多层次或是有不同吊坠点缀的项链，更能让造型不过于单调，同时将视觉重心放在前胸位置，显瘦又时髦。

④一字领。一字领适合搭配简约的项圈，或与垂坠的项链组合搭配，但垂坠的项链长度不要长过领口。

⑤方领。方领建议在搭配项链时不要超过领口的长度，43 ~ 48cm 的公主型项链可起到修饰脸型的效果。

四、手链、手镯

手链、手镯都是手腕上的装饰品。手链是一种佩戴在手腕部位的链条，区别于手镯和手环。手镯是一种套在手腕上的环形饰品，按结构一般可分为两种：一是封闭形圆环，以玉石材料为多；二是有端口或数个链片。手链与手镯虽然都是装饰手腕的饰品，但是它们有着不同的寓意与历史文化。

1. 手链

手链的起源可以追溯到约 7500 年前的新石器时代。考古学家在埃及和中国的古墓中发现了最早的手链，这表明手链作为一种身份和社会地位的象征已经存在了很久。古代中国的手链通常由贝壳、骨头或玉石制成，而埃及的手链则是由金属如银、黄金和铜制成的。这些手链多数是用来表达社会地位和财富，只有富人和统治阶层有资格佩戴。到了文艺复兴时期，手链成为贵族阶层的必备饰品之一。文艺复兴时期的手链材质更加多样，设计更加精致。黄金、银和珍稀的宝石成为流行的材料。手链的设计变得更加复杂，经常呈现出流线型的曲线和华丽的装饰图案。在这个时期，手链的意义从社会地位的象征演变为个人品位和时尚的象征。

在当今的时尚界，手链仍然是一个重要的饰品。它们不仅可以与日常服装搭配，还可以为特殊的场合增添亮点。手链的种类和设计变得更加多样化。各种各样的材质被用于制作手链，如金属、塑料、陶瓷、橡胶等。此外，由于技术的进步，人们可以根据自己的喜好和个性设计定制手链，手链已经成为一种独特的个人风格的表达方式。手链的常见款式包括表带式、链条式、缠绕式、串珠式等。

（1）表带式手链。外观类似表带，中间可能镶有大宝石或小宝石，适合追求优雅和中性风格的人群（图 5-17）。

（2）链条式手链。特点是它是一条完整的链条，简洁大方，既适合男性也适合女性，尤其适合偏好简约风格的人群（图 5-18）。

图 5-17　卡地亚表带式手链

图 5-18　卡地亚链条式手链

（3）缠绕式手链。通过多圈缠绕增加视觉冲击力，使手腕看起来更纤细，适合敢于尝试新潮风格的人群（图 5-19）。

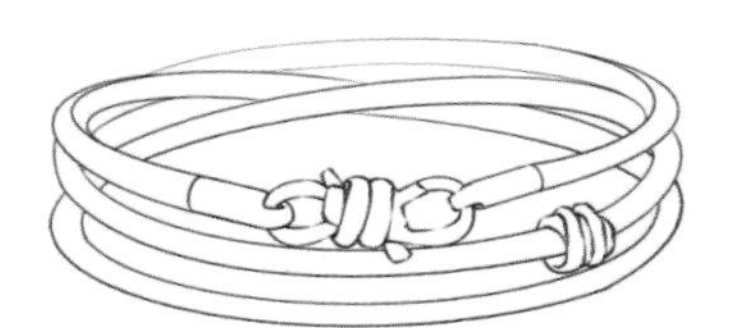

图 5-19　缠绕式手链（张漫琪绘制）

（4）串珠式手链。整体由珠宝制成的珠子点缀，提供多种风格选择，如珍珠的温婉、钻石的时尚等，适合不同风格的人群（图 5-20）。

（5）手镯链。手镯链是在手镯的基础上改制成的一种首饰。它既有手镯的气派，也有链条的灵气感（图 5-21）。

图 5-20　潘多拉串珠式手链

图 5-21　马可 · 比赛戈（Marco Bicego）The Coil 系列手镯链

2. 手镯

手镯，亦称钏、手环、臂环等，起源于母系社会向父系社会过渡时期。

在中国古代，手镯是男女都佩戴的饰物。女性佩戴手镯，表示自己已经结婚，男性佩戴手镯则是显示自己的身份地位。手镯佩戴数量是由人的地位、身份、等级决定的，地位越高、身份越尊贵的人佩戴的手镯数量越多。

在距今6000年左右的半坡遗址以及山东曲阜西夏侯新石器时代遗址等，考古学家均发现了陶环、石镯等古代先民用于装饰手腕的镯环。从出土的手镯实物来看，材质有动物的骨头、牙齿以及石头、陶器等，形状有圆管状、圆环状，也有两个半圆形环拼合而成的。

新石器时代的手镯已具一定的装饰性，不仅表面磨制光滑，而且有的还在手镯表面刻有一些简单的花纹。商周至战国时期，手镯的材料多用玉石。无论是手镯造型还是玉石色彩，都显得格外丰富。除了玉石以外，这个时期还出现了金属手镯。

西汉以后，由于受西域文化与风俗的影响，佩戴臂环之风盛行。臂环的样式很多：有自由伸缩型的，这种臂环可以根据手臂的粗细调节环的大小；还有一种如弹簧状的跳脱式臂环，盘拢成圈，少则三圈，多则十几圈，两端用金银丝编成环套，用于调节松紧，可戴于手臂部，也可戴于手腕部。

隋唐至宋，妇女用镯子装饰手臂已很普遍，称之为臂钏。唐代画家阎立本的《步辇图》、周昉的《簪花仕女图》都清晰地描绘了手戴臂钏的女子形象。臂钏不仅仅限于宫廷贵族佩戴，平民百姓也十分热衷。据史书记载，唐朝将领崔光远带兵讨伐段子璋，将士到处抢掠，见到妇女，砍下手臂，取走臂钏。可见当时戴臂钏的女子并非少数。

唐宋以后，手镯的材料和制作工艺有了高度发展，有金银手镯、镶玉手镯、镶宝手镯等。造型有圆环型、串珠型、绞丝型、辫子型、竹子型等。到了明清乃至民国，以金镶嵌宝石的手镯盛行不衰。在饰品的款式造型和工艺制作上都有了很大的发展。

手镯是中国的一种传统首饰，汉族和众多少数民族都有佩戴手镯的习俗。国外的许多民族和土著部落的人也非常喜欢这种首饰。在民间，人们认为戴手镯可以使人无病无灾，长命百岁，具有吉祥的含义。

在现代，手镯已成为服饰搭配不可或缺的时尚元素。由于它比手链更有体量感，设计师们更喜欢在手镯的造型或材料上做“加”法，可以用多种材料如玻璃、陶瓷、塑料、不锈钢、合金等制作装饰性极强的手镯款式。

（1）根据取材分类

①金属手镯。金属手镯由黄金、铂金、亚金、银、铜等制成，样式有链式、套环式、编结式、连杆式、光杆式、雕刻式、螺旋式、响铃式等。

②镶嵌手镯。镶嵌手镯是在金属或非金属的环上镶嵌上钻石、红宝石、蓝宝石、珍珠等加工而成的。

③非金属手镯。非金属手镯由象牙、玛瑙、鳖甲、珐琅、景泰蓝等雕琢而成。

（2）根据款式分类

①无花镯也称素坯镯，一般为银、金或玉石制成。把银条打成粗细不同的圆条、方条或其他条状，再截断弯曲制成银镯，表面无任何装饰性花纹（图5-22）。

②錾花镯和压花镯。錾金镯和压花镯都称为雕花镯，錾金镯是在无花镯上用刀雕刻图案，通

常以凹陷的细沟纹组成花卉或龙凤图案，表面凹凸明显。压花镯是用较薄的银片（或金片）压制而成，多为空腔和单面有花纹制品，花纹表面浮雕凸起，图案的凹凸感不如錾金镯明显（图5-23）。

图 5-22　光面银手镯

图 5-23　清末民初时期的錾花老银手镯

③镶宝镯。镶宝镯的金、银环部分的工艺以雕刻为主，再焊上各种形状的宝石托，以便镶嵌宝石（图 5-24）。

图 5-24　清代镶宝镯

④花丝镯。花丝镯用金丝或银丝编结成各种花色的环带（图 5-25）。

⑤五股镯。五股镯用五股较粗的金银丝编绞而成，形状和多股铝线相似（图 5-26）。

图 5-25　明代纯金花丝鸳鸯手镯

图 5-26　清代麻花绞丝银手镯

五、胸针

胸针是人们用来点缀和装饰服装的饰品。胸针早在古希腊、古罗马时代就开始使用，被称为腓骨，用作衣服扣件的装饰品，那时称为扣衣针或饰针。到了拜占庭时代，出现了各种做工精巧、装饰华丽的金银和宝石饰针，成为现代胸针的原型。

胸针的式样可分为大型和小型两种：大型胸针直径在 5cm 左右，大多有若干大小不等的宝石相配，图案较繁缛，如有一粒大宝石配一系列小宝石的，或用数粒等同大小的宝石组合成几何图形的，均以金属作为托架，结构严谨；小型胸针直径约 2cm，式样丰富，如单粒钻石配小花叶、十二生肖、名刹古寺等。我国较流行的主要有点翠胸针和花丝胸针。点翠胸针多为花鸟、草虫图案，其叶、花的表面呈现一种鲜艳的蓝色、近松石色。花丝胸针是用微细金、银丝组编制而成，还带有金银丝做的穗，有的镶嵌各种鲜亮美丽的宝石。

1. 胸针佩戴位置的“三线”

（1）权威线。肩线向下 10cm，是胸针佩戴的权威线。这条线的位置比较高，接近脸部，胸针戴在这个位置会起到烘托脸部的效果，产生高贵、隆重的效果。

（2）平衡线。平衡线位于距离下巴下缘一个头长的位置上。这条线的位置，视觉上会产生不高不低、稳稳当当的平衡感，是一个中性化的、不容易出错的稳妥位置。

（3）窈窕线。窈窕线是从下巴向下两个头长的位置，基本是在理想腰线的位置。胸针戴在窈窕线上，会凸显腰部的纤细，产生窈窕淑女之感。

2. 胸针佩戴位置的“四区”

（1）华丽区。权威线之上，均为华丽区。在这个区域佩戴胸针，会产生华丽感（图 5-27）。

（2）稳重区。稳重区位于权威线和平衡线之间，比权威线低一些，比平衡线高一些。在这个区域佩戴胸针，不会太张扬，低调稳重（图 5-28）。

图 5-27　位于华丽区的胸针

图 5-28　位于稳重区的胸针

（3）身材区。从下巴下面一个头长的平衡线到下巴下面三个头长的髋部线的身材区，是身材曲线最明显的区域（图 5-29）。

（4）创意区。髋部以下，以及袖口、后背甚至鞋、包上，都是胸针佩戴的创意区。裙摆上、袖口上加一枚胸针，立刻会变得与众不同（图 5-30）。

随着胸针的材料和造型越来越多样化，胸针与服装的搭配度也日益增强，胸针不再局限于装饰胸前，而是根据服装的需要装饰在任何位置，为穿着者增添亮点，以达到最佳的搭配效果。

图 5-29　位于身材区的胸针

图 5-30　位于创意区的胸针

第二节　珠宝首饰与不同服装风格的搭配分析

珠宝首饰在造型美学中占据着非常重要的地位。一件完整的珠宝首饰设计作品，不仅体现着设计师想要表达的主题思想和美学追求，还可以在经过与服装组合穿戴的“二次创作”后，展现出穿着者的生活态度。

在塑造个人造型设计时，珠宝首饰早已成为整体造型的点睛之笔，是形象塑造时不可或缺的重要元素。正确的服装与首饰搭配能够让人更完美地展现个人风格和气质。在选择搭配服装的珠宝首饰时，首要的是了解穿着者本人的肤色、体形、气质以及穿戴的场合，在此基础上再选择与服装相配的珠宝首饰。

在目前的流行趋势中，服装常见的风格有古典优雅风格、简约现代风格、可爱趣味风格、夸张戏剧风格、民族异域风格。这些风格都有自己独特的元素，在挑选珠宝首饰时也需要根据这些风格的特征去挑选相搭配的元素。

一、古典优雅风格

具备古典优雅风格的珠宝首饰，流行的时间非常持久，无论在任何场合佩戴都中规中矩。这种风格珠宝首饰的设计对称协调、做工精细，透露着优雅高贵的气息，而颜色的搭配上也颇显贵气。18世纪法国巴洛克风格的珠宝首饰被视为古典优雅风格珠宝首饰的代表。此类首饰多以法国宫廷珠宝为范本，特点是所用材料为金、铂、银等贵金属、宝石等高档材料，主石大而华丽，周围镶以大量配石，款式上突出宝石重于金属；色彩对比强烈；造型上多采用对称设计，如有线条装饰，线条多被盘曲成藤蔓形状，柔软优美；有些设计严谨、内敛，工艺细腻、精湛，具有较高的价值。古典优雅风格珠宝首饰豪华贵重，具有王者之气（图5-31）。

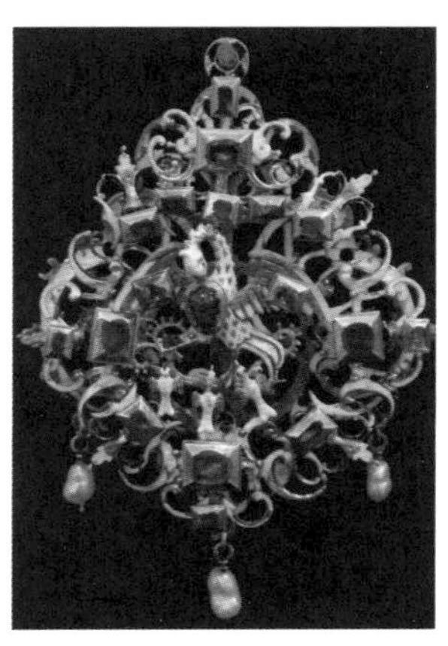

图5-31 匈牙利16～17世纪珠宝首饰

1. 材质

古典优雅风格的珠宝首饰倾向于使用浑厚和华丽的材料，例如金属和各种石材以及胡桃木等原木材料。这些材质本身就带有丰富的纹理和历史感，且常常通过雕刻等手工艺术加以装饰，从而使珠宝首饰展现出古典的魅力（图5-32）。

图5-32 古典优雅风格的宝石项链1

2. 造型设计

古典优雅风格的珠宝首饰往往简约大气，线条流畅而稳重。这些珠宝首饰有时会融入如藤蔓、蝴蝶、花朵等浪漫元素作为设计亮点，以此展现出一种历史沉淀下来的高雅气质。同时，新古典主义风格的珠宝首饰也会强调结构的单纯、均衡和比例的匀称，使得首饰整体显得更加庄严而典雅（图 5-33）。

图 5-33　古典优雅风格的宝石项链 2

3. 色彩

古典优雅风格的珠宝首饰在色彩上多采用华丽而沉稳的色彩，如金色、白色、红、绿、蓝等，这些色彩能够营造出一种高贵而庄重的气氛。古典优雅风格强调和谐与平衡，因此珠宝首饰的色彩搭配往往遵循这一原则，避免过于张扬或混乱的色彩组合（图 5-34）。

4. 工艺

古典优雅风格的珠宝首饰工艺精湛，细节装饰讲究。例如，在金属和石材上雕刻精美的纹路、丝绸质感的金属表面处理、细密的宝石镶嵌，以此提升珠宝首饰的质感和视觉效果（图 5-35）。

图 5-34　古典优雅风格的宝石耳环　　图 5-35　古典优雅风格的宝石吊坠耳环

古典优雅风格的珠宝首饰在设计上追求和谐与舒适，注重细节和材质的质感，既展现出华丽的外观，也体现了深厚的文化底蕴。古典优雅风格的珠宝首饰都是珠宝镶嵌，奢华浪漫，日常生活中佩戴显得过于隆重，适合参加宴会时佩戴（图 5-36）。

二、简约现代风格

简约现代风格珠宝首饰的设计哲学往往是“少即是多”，通过最少的设计元素传达出强烈的视觉效果和个性。它与室内设计有着共同的设计理念，那就是通过简化的设计手法和对质感的重视来营造出一种高级且舒适的美感。这种风格不仅仅是形式上的简化，更是在满足功能需求的同时，达到一种设计上的精致和谐。

图 5-36　古典优雅风格的服饰

1. 材质

简约现代风格的珠宝首饰倾向于使用质感高级的材料。常见的材料有金属、玻璃、木质、皮质等。这些材料不仅展现出自身的纯色和简约美感，而且能够通过其天然纹理或是精细的加工来表达一种自然而不失优雅的风格。简约现代风格虽然设计简洁，但在材质的使用上会多种结合，比如亮面金属与磨砂金属的搭配，或是将不锈钢与木材、塑料等其他材料相结合，简约却不简单（图 5-37）。

图 5-37　简约现代风格的项链

2. 造型设计

简约现代风格的珠宝首饰强调简单的线条和形状，避免过多繁复的装饰。设计师在创作时会结合功能和审美需求，用最简洁的线条和形态表现出首饰的美感和设计意图（图 5-38）。

3. 色彩

简约现代风格的珠宝首饰往往偏好黑、白、灰或其他偏简单的配色，有时也会有金属色调，如银色、金色、玫瑰金色等，从而更能展现出对细节的精致把握。这些色彩能够强调材料的质感，而且在配色上追求简化到最少的程度，突出装饰元素的高级感（图 5-39）。

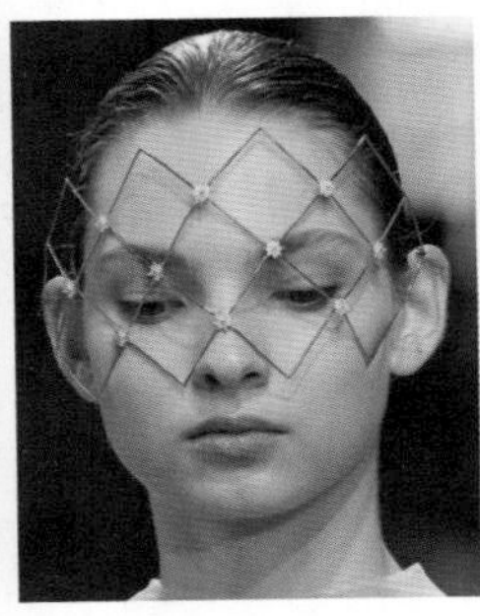

图 5-38　简约现代风格的造型设计

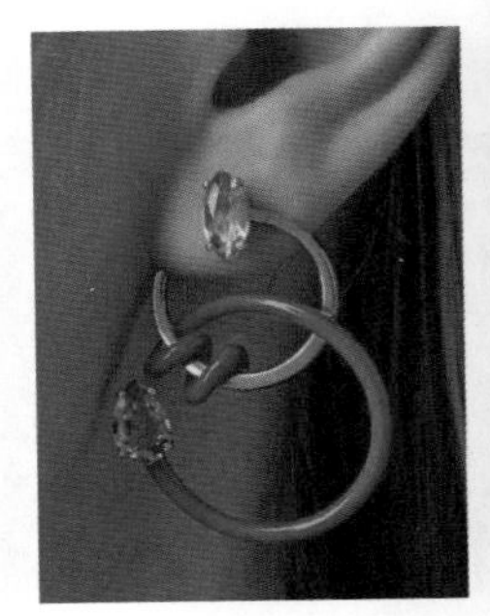
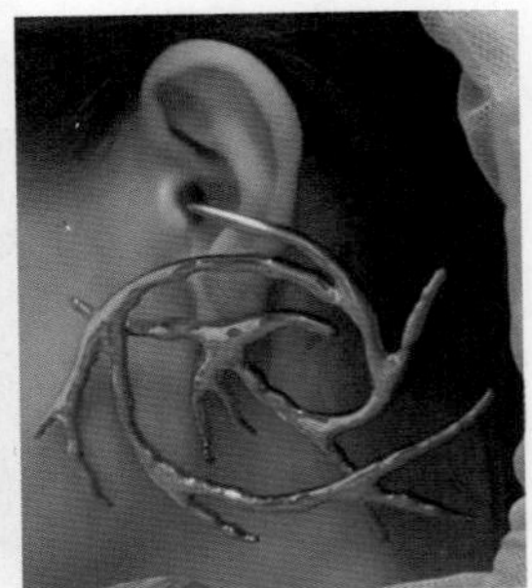

图 5-39　简约现代风格的色彩表现

4. 工艺

简约现代风格的珠宝首饰追求高品质的材料处理和精致的细节加工。无论是金属的抛光、木材的雕刻还是玻璃的磨砂，都要求技艺精湛，以体现首饰的品质和设计师对细节的严格要求。设计师需要反复思量和细致打磨，以实现简约而不简单的设计理念（图 5-40）。

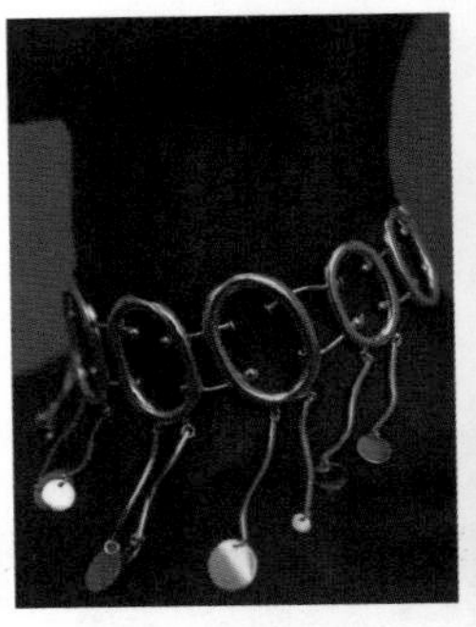
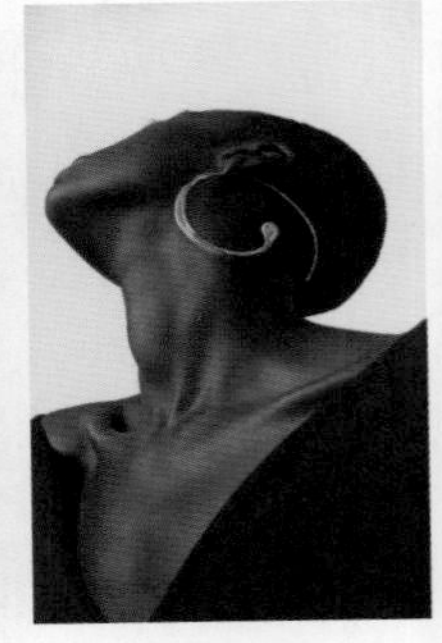

图 5-40　简约现代风格的金属项链、耳环

简约现代风格的珠宝首饰是在简单中见精致，在精致中体现品位，是一种现代审美和工艺水准的完美结合。这种设计风格的首饰非常适合日常佩戴，也能够与各种服装风格轻松搭配，因此受到了很多人的喜爱（图 5-41）。

图 5-41　简约现代风格的服饰

三、可爱、趣味风格

可爱、趣味风格的珠宝首饰以其特有的设计和形象给人带来愉悦和治愈的感觉。可爱、趣味风格的珠宝首饰不仅仅是装饰品，更是表达个性的一种方式。它们能够为日常穿搭注入活力和快乐，展现一种轻松、乐观的态度。这样的风格特别适合喜欢童趣和拥有年轻心态的人，它们能够唤起人内心的童心。

1. 材料

可爱、趣味风格的珠宝首饰材料是多样化的，从传统的金属到现代的合成材料，甚至是可持续的环保材质，都可以根据设计需要和消费者偏好进行选择。可爱、趣味风格的珠宝首饰造型是多变的，所以选择材料时要考虑其可塑性是否强，来确保珠宝首饰的整体效果和质感（图 5-42）。

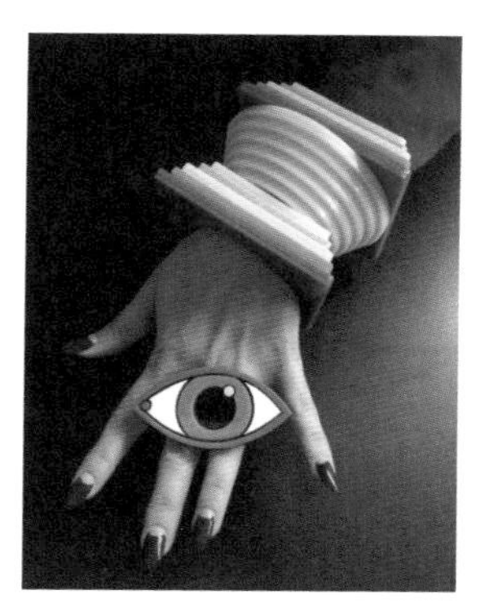

图 5-42　可爱、趣味风格的塑料戒指

2. 造型设计

可爱、趣味风格的珠宝首饰设计需要设计师有天马行空的设计思维，围绕“萌趣”“幽默”进行造型设计，元素上通常采用动物形象、怀旧元素、日常物品等作为设计灵感，创造出独特而吸引人的造型。例如，设计师可能以火柴盒、缝纫机、铅笔等日常物品为灵感，打造出既可爱又富有趣味性的珠宝首饰。此外，也可以用萌趣的图案、幽默的文字以及通过有趣的表情符号、夸张的眼睛和嘴巴形状来表达珠宝首饰的独特性和趣味性（图 5-43、图 5-44）。

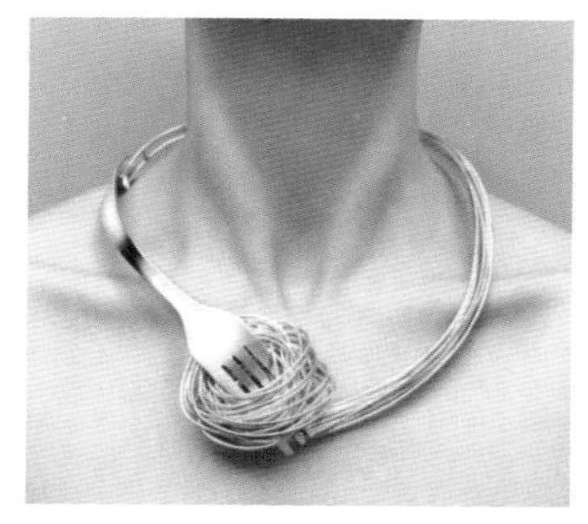

图 5-43　可爱、趣味风格的叉子项圈

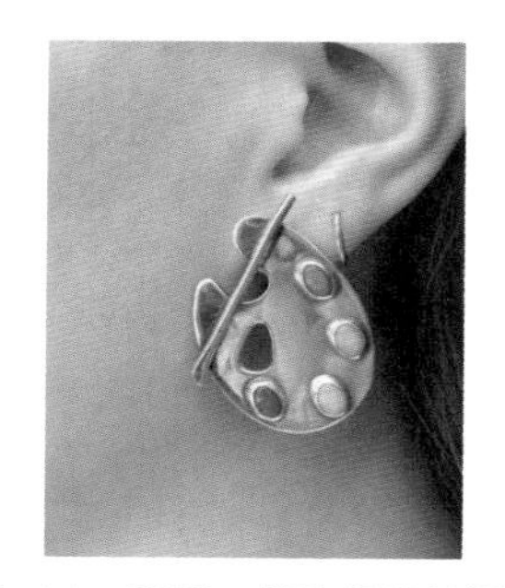

图 5-44　可爱、趣味风格的调色盘耳钉

3. 色彩

可爱、趣味风格的珠宝首饰可以采用明亮、欢快的色彩吸引眼球，给人以活泼明媚的感觉，同时也可以用粉嫩的色彩营造一种幼态的、可爱的视觉感受（图 5-45、图 5-46）。

图 5-45 可爱、趣味风格的彩色项链

图 5-46 可爱、趣味风格的热气球耳钉

4. 工艺

可爱、趣味风格的珠宝首饰需要将简单的元素通过巧妙的构思转化为独特的产品。这可能涉及特殊的加工技术，以确保首饰能够长时间保持可爱的造型和色彩，且在佩戴过程中舒适安全（图 5-47、图 5-48）。

图 5-47 可爱、趣味风格的项链

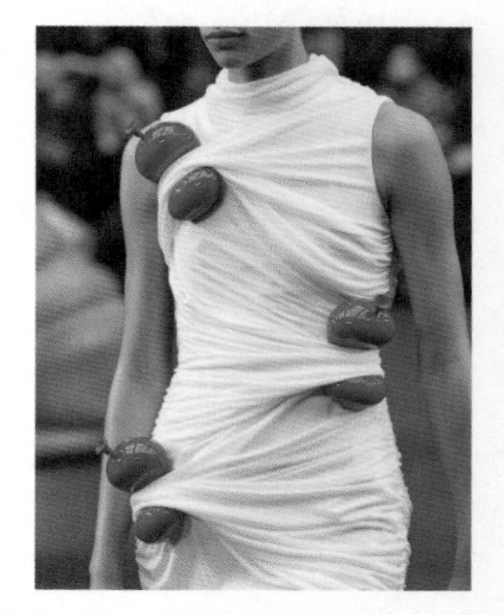

图 5-48 可爱、趣味风格的胸针

可爱、趣味风格的珠宝首饰设计需要在色彩使用上鲜明而富有层次，在造型设计上简洁而不失创意，在工艺上精细以保证产品的质量，在材质选择上多样且贴合设计理念。可爱、趣味风格的珠宝首饰一般适合在非正式场合佩戴，适合搭配可爱、休闲、时尚的服饰（图 5-49）。

四、夸张戏剧风格

夸张戏剧风格的特点包括夸张、华丽，以及能够突出个性和存在感的设计元素。这类设计风格在服装和造型设计中常常体现为直接、大胆的创意，需要设计师拥有丰富的想象力和创造力。

图 5-49 可爱、趣味风格的服饰

1. 材质

在材质的选择上，夸张戏剧风格的珠宝首饰可以采用多种材料，比如金属与非金属材料塑料、玻璃、陶瓷、宝石、珍珠等的结合，以创造独特的质感和具有冲击力的视觉效果（图 5-50）。

图 5-50 夸张戏剧风格的首饰

2. 色彩

夸张戏剧风格的珠宝首饰在色彩上往往采用鲜明、对比强烈的色彩搭配，以达到吸引眼球的效果。在色彩的实现工艺上，通过电镀、喷漆、嵌入彩色宝石等方法可以使首饰呈现出各种色彩和光泽，使用鲜艳的宝石来增加视觉冲击力，或者根据自己的情感和心境，自由地运用色彩，不受外界条件限制，形成具有个性的风格（图 5-51）。

图 5-51　夸张戏剧风格的色彩搭配

3. 造型设计

夸张戏剧风格的珠宝首饰的造型设计往往不受传统束缚，强调个性和创新。可以通过“加”的手法设计出别具一格的造型（图 5-52）。

图 5-52　夸张戏剧风格的颈饰和耳环

4. 工艺

夸张戏剧风格的珠宝首饰需要精湛的技艺来实现设计的细节和质感。可以多种材料组合以及复杂的加工技术来达到预期的效果（图 5-53）。

图 5-53　夸张戏剧风格的耳环

夸张戏剧风格的珠宝首饰是一种强调个性的艺术表达。它通过色彩、造型、工艺和材质的巧妙结合，来创造出独一无二的视觉体验，适合那些敢于展示自我风格的人士。日常生活中，夸张戏剧风格的珠宝首饰与简约休闲的服装搭配能使整体造型增添时尚度。在时尚场合中，如红毯晚会、时装周等，夸张戏剧风格的珠宝首饰与礼服搭配，能够显著提升穿戴者的整体造型和气场，映衬活动的仪式感和隆重气氛（图 5-54）。

图 5-54　夸张戏剧风格的服饰

五、民族异域风格

民族异域风格是指用某一地域或某一民族传统艺术特征进行设计的风格。在现代珠宝首饰设计领域中，民族异域风格是颇具特色的。其古与今的历史感、地域距离感或民族差异感产生特殊的审美属性，得到消费者的认可，成为一种流行。在现代社会，比较具有代表性的民族异域风格有中国风格、日本风格、印度风格、非洲风格、夏威夷风格、波希米亚风格等。

1. 材质

民族异域风格的珠宝首饰材质多样，不同地域、民族使用的材料也会有差别。在选择材料时，要考虑到材质与设计的和谐性，以及如何通过材质的特性来表现民族风格（图 5-55）。

图 5-55　中国风的耳环

2. 色彩

不同的民族通常采用具有鲜明民族特色的色彩来反映地域或民族的历史、文化和审美特性，而成为不同地域、不同民族的特有标志。因此，民族异域风格的珠宝首饰一般选取具有民族代表性的色彩为元素进行设计（图 5-56）。

图 5-56　波希米亚风格的首饰

3. 造型设计

民族异域风格的珠宝首饰的造型设计灵感往往来源于不同民族的传统文化，比如建筑、服饰、绘画等方面。民族异域风格的珠宝首饰一般都会汲取这些元素的精华，创作出具有民族特色的珠宝首饰造型（图 5-57）。

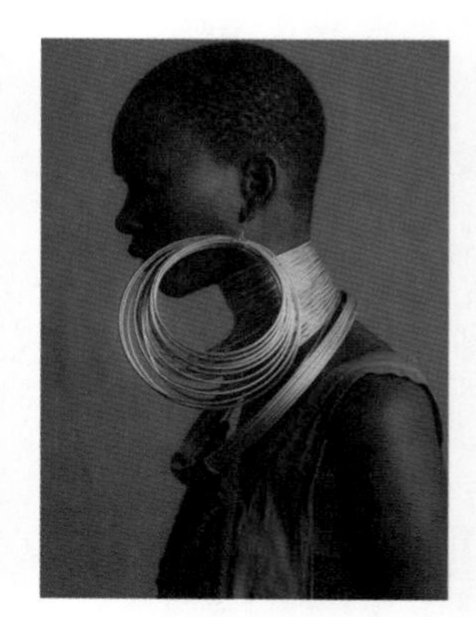

图 5-57　非洲风格的首饰

4. 工艺

工艺是民族异域风格珠宝首饰的重要组成部分。它不仅包括传统手工艺，如雕刻、瓷器制作、漆器制作等，也涵盖现代的制作工艺。民族异域风格的珠宝首饰将传统工艺和现代技术的相结合，使其既有文化底蕴，又不失时尚感（图 5-58、图 5-59）。

民族异域风格的珠宝首饰是一个综合材质、色彩、造型和工艺等多重因素的艺术创作过程。设计师需要深入理解并尊重每个民族的传统文化，同时也要敢于创新，将传统元素与现代审美结合，创造出既具有民族特色又符合现代审美的珠宝首饰作品。民族异域风格的珠宝首饰一般可以搭配同民族的服装，或者与简约现代的服装款式搭配（图 5-60）。

图 5-58　羽毛首饰

图 5-59　珐琅工艺的耳环

图 5-60　波希米亚风格的服饰

第三节　珠宝首饰与不同场合的穿戴礼仪

当今社会，人们越来越重视外在修养，不仅要仪表端庄、言行得体，同时在外在形象上也需与所在的场合相搭配。不管去哪都应该穿与之匹配的服装，佩戴合适的珠宝首饰，这不仅是一种礼仪，更是一种礼貌。

一、时尚活动

时尚活动是当代社会中备受关注的一种文化现象。时尚活动一般都是邀请制，被邀请的人必须按照时尚活动的要求打造自身造型，而造型需要紧紧抓住活动的主题和氛围。时尚活动通常会以某种特定的主题为中心，如红毯晚会、时装周等。在选择造型设计时，要确保自己的服装、首饰、发型和化妆等与活动的主题相符。

不同的时尚活动可能在规模和场地上存在差异，因此，参与者的着装打扮也应做出相应的调整。隆重的大规模活动的服饰和简约活动的服饰是有区别的。

1. 中国风主题宴会

参加中国风主题的宴会，被邀者需穿着有中式元素的高定礼服并佩戴相应的珠宝首饰来展示中国服饰文化的神韵（图 5-61 ~ 图 5-63）。

图 5-61　中国风主题宴会服饰搭配

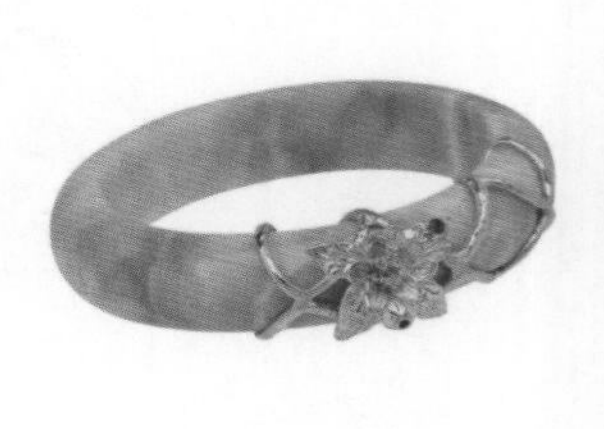

图 5-62　适合中国风主题宴会的首饰

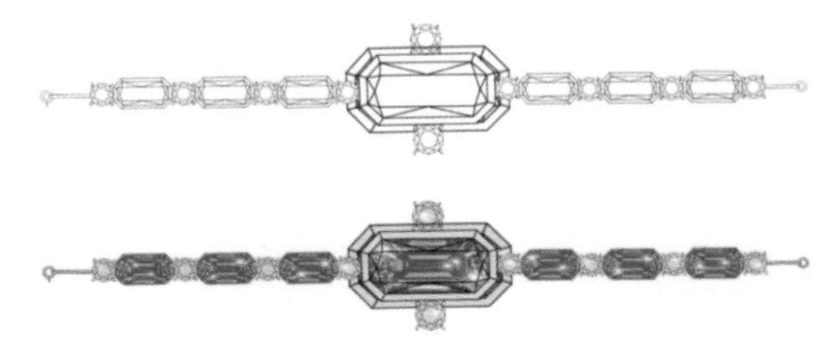

图 5-63　适合中国风主题宴会的首饰绘制效果图（张漫琪绘制）

2. 金属元素主题的时装活动

参加金属元素主题的时装活动，被邀者的服饰搭配中必须有夸张的、装饰性极强的金属元素首饰，可以搭配金属的大耳环、项链、胸针、手镯、头饰等（图5-64～图5-66）。

图5-64　适合金属元素主题派对的服饰搭配

图5-65　适合金属主题派对的首饰

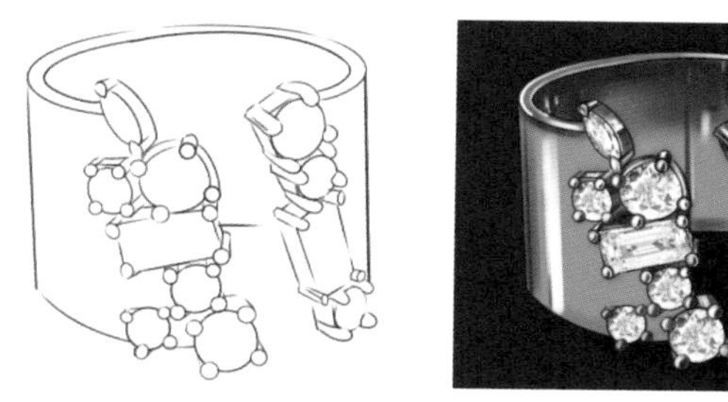

图5-66　适合金属主题派对的首饰绘制效果图（李璐如绘制）

3. 轻松休闲的时尚派对

参加轻松休闲的时尚派对时，被邀者可以选择一身时尚又舒适的休闲装扮，搭配简约大气的珠宝首饰，再配上平底鞋或运动鞋，以增加舒适度和便捷性（图 5-67 ~ 图 5-69）。

图 5-67　轻松休闲派对的服饰搭配

图 5-68　适合休闲时尚派对的首饰

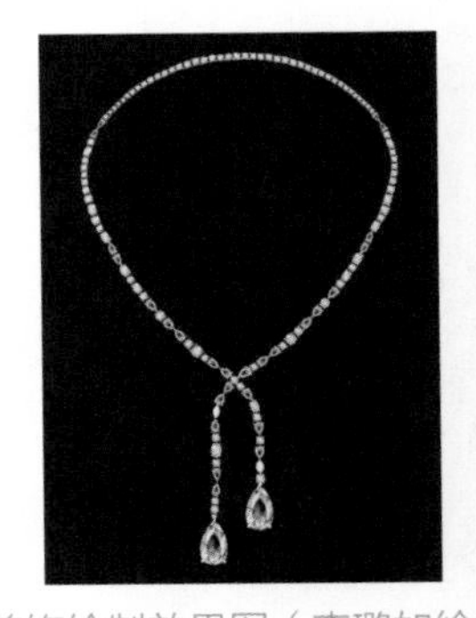

图 5-69　适合休闲时尚派对的首饰绘制效果图（李璐如绘制）

二、日常生活与办公场合

在日常生活中，着装上需要在得体的基础上展现个人气质。办公时，在着装上需谨慎些，要考虑公司的着装规范，选择适当的服饰，既符合规定也要体现个人风格。

1. 办公场合

一般来说，在办公场合中佩戴的珠宝首饰应简单大方，不可过于张扬，以不妨碍工作为原则，以适应工作中严肃、正统、规范的环境要求（图 5-70 ~ 图 5-72）。

图 5-70　办公场合的服饰搭配

图 5-71　适合办公场合的首饰

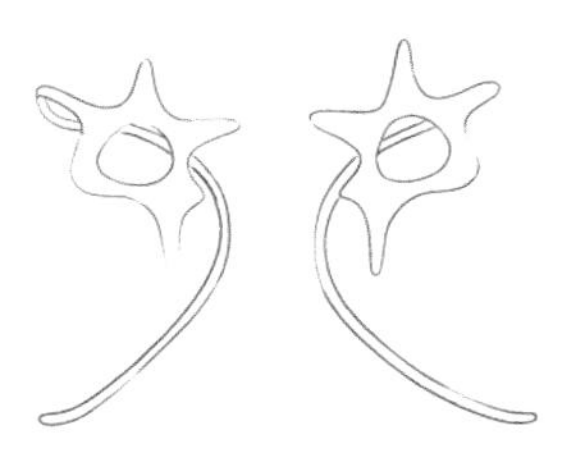
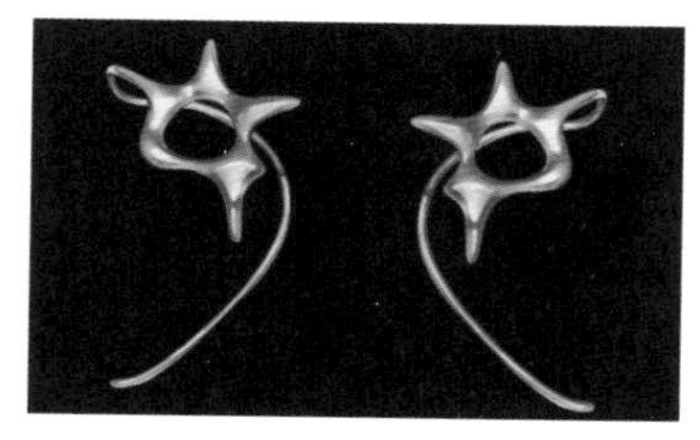

图 5-72　适合办公场合的首饰绘制效果图（李璐如绘制）

2. 日常社交聚会

踏入社会以后，出席各种聚会的机会就会增多，这些社交场合是显露品位的绝好场所。如果是参加晚会，女士可佩戴带吊坠的耳环、大型胸针、带宝石坠子的项链等华丽闪光、耀目的饰品，这种装扮在灯光的照耀下会将佩戴者衬托得异常漂亮，更加妩媚动人（图 5-73 ~ 图 5-75）。

图 5-73　日常社交聚会的服饰搭配

图 5-74　适合社交聚会场合的首饰

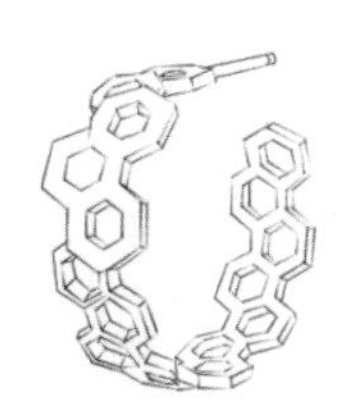
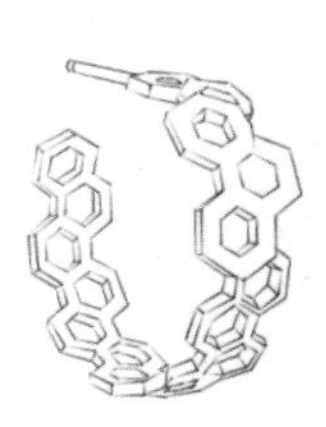
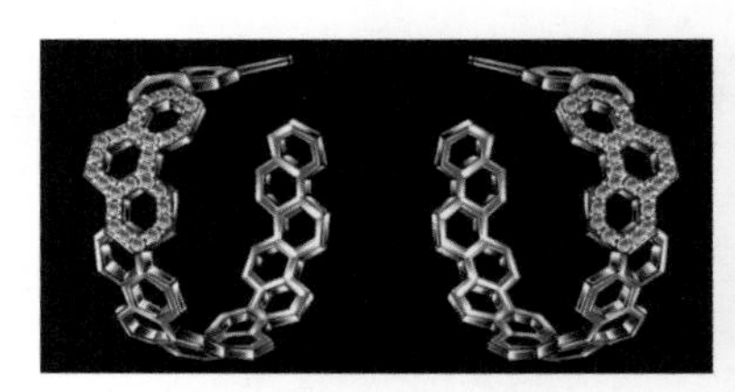

图 5-75　适合社交聚会场合的首饰绘制效果图（李璐如绘制）

3. 职场洽谈

职场洽谈属于正式场合，珠宝首饰的佩戴应尽量庄重，因为它代表着个人的品位，也可表达对商务伙伴的尊重。庄重大方而又要表现出老练，这是谈判着装配饰的要点，同时也不能显得太拘谨。一条项链、一枚胸针甚至是一条丝巾都能在庄重中显示出活泼和随机应变的能力（图 5-76 ~ 图 5-78）。

图 5-76　职场洽谈的服饰搭配

图 5-77　适合职业洽谈场合的首饰

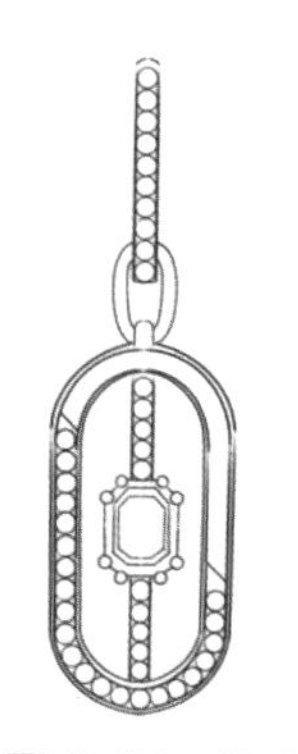
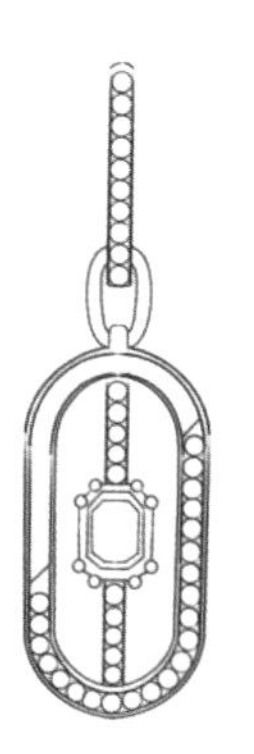

图 5-78　适合职业洽谈场合的首饰绘制效果图（李璐如绘制）

4. 求职面试

求职面试时需要借助佩饰的语言，给面试主管留下美好的第一印象，所以首先需要分析应聘岗位的工作性质，分析这种工作适合的装扮。一般繁复杂乱的配饰是需要避免的，更不可集珠光宝气于一身，最合适的是简约、大气、显得干练的配饰（图 5-79 ~ 图 5-81）。

图 5-79　求职面试的服饰搭配

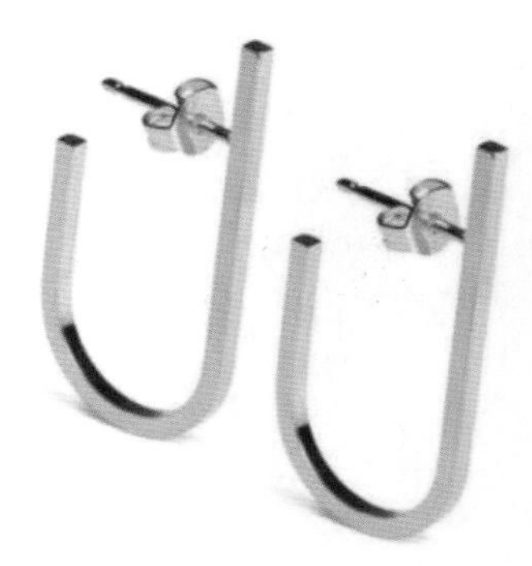

图 5-80　适合求职面试场合的首饰

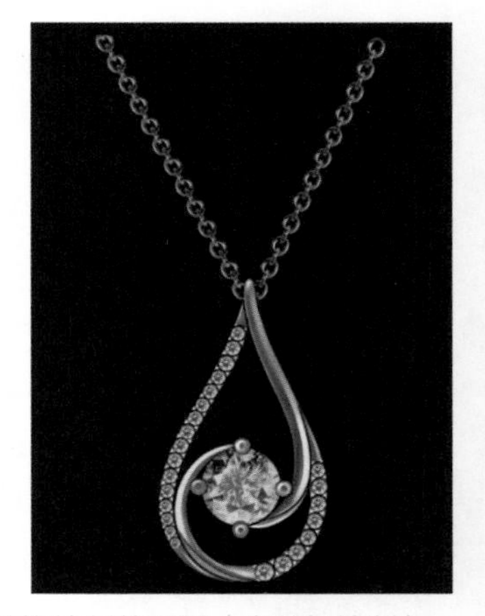

图 5-81　适合求职面试场合的首饰绘制效果图（李璐如绘制）

第六章
珠宝首饰设计的程序

每一件珠宝首饰作品的光耀闪亮，各种各样的造型、款式，完美地演绎出美丽、时尚和经典的背后，都要经过诸多过程，包括收集素材、构思方案、绘制草图等，每一道程序都不能缺少。珠宝首饰设计的程序对于珠宝首饰的质量和美感起着决定性作用。只有熟练掌握正确的设计流程，才能最终创造出高质量的珠宝首饰。在珠宝首饰设计领域里，作品的成功不仅仅靠设计师的感觉，科学的设计程序也是必须遵循的。

第一节　珠宝首饰设计的素材采集

素材是一件作品成功的关键。素材是设计师从现实生活中搜集到的、未经整理加工的、感性的、分散的原始材料。这些材料并不能直接植入作品之中，而是经过设计师的集中、提炼、加工和改造，融于作品之中，便可发挥其在设计过程中的重要作用。

一、素材的搜集

在珠宝首饰设计的过程中，素材的收集是一项至关重要的任务。它不仅是设计师创作的起点，也是他们灵感的源泉。每一件珠宝首饰都是珠宝首饰设计师对生活的独特理解和艺术表达，而这些理解和表达都源于他们对素材的深入挖掘和独特解读。

首先，我们需要明确什么是珠宝首饰设计素材。简单地说，它是珠宝首饰设计师在创作过程中所需要的所有元素，包括但不限于颜色、形状、纹理、材质等。这些元素可以是实物，也可以是抽象的概念；可以是具体的物体，也可以是无形的情感。无论是哪种形式，只要能够激发设计师的创作灵感，都可以被视为设计素材。有了丰富的素材，设计才会更得心应手。有良好的观察和思考习惯的珠宝首饰设计师能够广泛地收集设计灵感，因此他不需要抄袭别人的设计，并且容易发展出自己的设计风格和独特的设计语言。正因为每个设计师都是独特的人，有独特的、区别于他人的经历、教育背景、成长环境，设计师才会形成不同的爱好和设计思路。

那么，如何收集这些设计素材呢？首先，珠宝首饰设计师需要具备敏锐的观察力和深厚的艺术修养。他们需要在日常生活中不断观察、思考，从中发现美的存在。例如，一片落叶、一滴雨水、一束光线，都可能成为珠宝首饰设计师的创作灵感。同时，珠宝首饰设计师还需要通过阅读、旅行、交流等方式，不断丰富自己的知识和经验，提高自己的艺术素养。其次，设计师需要善于利用各种工具和技术来收集素材。例如，他们可以通过摄影、绘画、雕塑等方式，将观察到的美转化为具体的图像或模型；他们也可以通过网络、图书馆等渠道，获取大量的信息和知识；

他们还可以通过参观展览、参加研讨会等活动，与其他珠宝首饰设计师交流思想，共享资源。

最后，珠宝首饰设计师需要学会如何整理和利用这些素材。他们需要建立一套有效的素材管理系统，将收集到的素材进行分类、归档、标记等操作，以便于日后的使用。这些信息虽然不会立刻与设计理念联系起来，但是可以折射出对事物、经历的个人反应，因而可以延续和拓展设计理念，成为设计工作的核心力量。同时，他们还需要学习如何从素材中提取有用的信息，如何将不同的素材组合在一起，从而创造出新的设计作品（图 6-1、图 6-2）。

图 6-1　竹子元素

图 6-2　竹子元素耳饰

珠宝首饰设计师在记录信息时，要注意物象从细节到整体、从外到内的多角度、多层次的形态特征的表现，并且应尽可能详尽、完整、客观、真实和准确，为后期设计提供充足、有价值的资料和素材。设计素材的收集可以利用影像设备和技术，也可以利用速写、绘画，还可以进行剪贴和实物收藏。这些方法各有所长，可以综合应用。拍照方便、快捷，可以客观地记录客观物象，对于动态物象，还可以大量、连续地进行记录。速写、绘画等手法，可以更好地整理自己对素材的想法。

设计速写是收集、整理个人设计资料的好方法（图 6-3、图 6-4）。珠宝首饰设计师在生活中接触到的各种事物和各个与设计有关的形象，都可能引发设计创意的火花。有时，一个设计意念的产生会像闪电一样瞬间即逝，如果不利用速写的形式马上记录下来就会立刻消失，甚至是永远地失去。设计速写中包含巨大的艺术潜能，真正好的设计作品往往是从中引申出来的。经常练习设计速写对激发灵感、开发思路、积累素材大有好处。

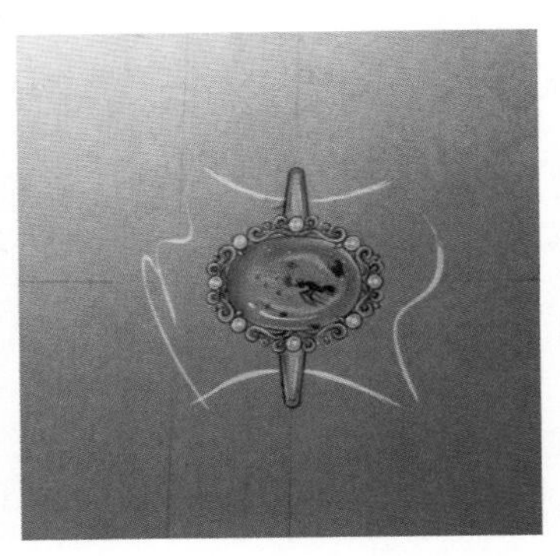

图 6-3　设计速写草图

图 6-4　穆夏设计草图

其他的收集方式如照片剪贴，还需要有一个查找和再理解的过程。剪贴的内容可以是曾经刺激设计师感官的报纸、杂志等载体上的文献、图片，可以将有关的内容按照逻辑顺序放置在一起，也可以按照时间顺序安排。还有一些素材可以实物的形式保留下来，例如植物的叶子、蝴蝶的翅膀、漂亮的纽扣等。相比较之下，实物收藏的形式比较占空间，但可以客观、完整地保存形象。

素材的收集不是单单保存图片，还需要做色彩提取、结构分析、主题归纳等，以保证后面进行灵感来源提取的时候可以有条不紊。总的来说，珠宝首饰设计素材的收集是一项既需要技巧又需要热情的工作。只有通过不断的学习和实践，珠宝首饰设计师才能找到属于自己的创作之路，在珠宝首饰设计的世界中留下自己独特的印记。

二、素材的内容

素材的内容有很多种。在前期搜集完大量素材之后，需要对素材进行内容分类，这样有助于更快捷地寻找到需要的素材。分类方式并非是绝对的，有时候同样的素材可以运用到不同的命题之中，起到不同的效果。素材的内容大致有以下几类。

1. 具象素材内容

所谓具象形态，是指未经加工提炼的原型，即自然形态。在现实生活里面，有具体形状的物体并且可以整理出来作为素材的图像可统称为具象素材，如花草树木、海洋生物、飞禽走兽、房屋建筑等。

自然常常是设计师灵感来源的汲取地。自然界的植物形态千变万化，蕴含的秩序感、美感、生命力与能量，启发了无数首饰设计师，成为创作者的灵感来源，也启发了无数珠宝首饰设计师（图 6-5、图 6-6）。在珠宝首饰设计中也不例外，各大珠宝品牌以及设计师的作品多来源于自然（图 6-7）。热烈绽放的花朵、千姿百态的树叶、可爱的昆虫蝴蝶等，都被珠宝首饰设计师变幻成了千姿百态的珠宝首饰作品。例如 2019 年成立于中国的珠宝设计品牌储粹宫（ChuCui），以中国艺术中的风花雪月、林树草木为设计源泉，成就众多不朽佳作。其中的“漪荷”系列是以荷花为主题的一系列艺术珠宝饰品（图 6-8）。荷花是东方文化中最有代表性的花卉，历代文人墨客以荷花为题创作了无数艺术作品。除了充满中国风的花卉植物珠宝设计作品外，俄罗斯珠宝首饰设计师 Jolanta Bromke 也是一位喜欢从自然中寻找灵感的设计师，她的设计作品不被材质、工艺所限制，不仅有珍贵的宝石材料，如珊瑚、玛瑙、珍珠等，也有皮革、欧根纱等材质，并且融入了刺绣、彩绘、喷漆等工艺，使得作品更加接近自然、具有创新感和丰富感（图 6-9）。她的所有作品的呈现，大多是以自然界中的生物为创作主题，尤其偏爱花卉和蝴蝶题材。在作品的表达方式方面，Jolanta Bromke 尤其喜欢使用大胆的用色方式来表达自然的活力与生机。其设计制作充分体现了从自然到设计的简化抽象过程。代表作品是花卉与蝴蝶手镯。在她的所有作品中，花卉与蝴蝶题材的手镯最为亮眼，尤其是佩戴在手腕上的时候会更加彰显它的魅力，使佩戴者在人群中瞬间成为最耀眼的女生。此组作品中，主要使用银、皮革等材质进行表达，手镯不对称式的表现方式更为作品增添了一丝与众不同，鲜亮的颜色处理表现出自然的生机勃勃。颜色与造型的完美搭配，衬托出佩戴者的独特气质。

图 6-5　自然中的花

图 6-6　以花为灵感的设计作品

图 6-7　作者自摄荷花素材

图 6-8　储粹宫“漪荷”系列戒指

图 6-9　Jolanta Bromke 设计作品

建筑元素在珠宝首饰中也是常见的素材。以蒂蒂朵宝（DIDIER DUBOT）Signature D系列为例（图6-10），这个系列是设计师从西班牙建筑大师高迪的作品巴特罗之家建筑呈现的美丽曲线和光线以及色彩中获得的灵感。作品采用14K金的材质进行打造，品牌“D”字母通过曲线结构表现出来。耳饰上面挂着的流苏，于动静之间，散发出流光溢彩的光芒。还有香奈儿My Green 18K金手镯（图6-11），这款手镯是以巴黎芳登广场的八角形轮廓为灵感来源，设计师重新诠释了建筑中的几何图形。手镯中央镶嵌一颗八角形的绿色碧玺主石，周围点缀一圈小圆钻，外圈围绕着独立切割的孔雀石切片，将祖母绿型切割巧妙融入八角形的建筑轮廓，创造出永不过时的标志之作。

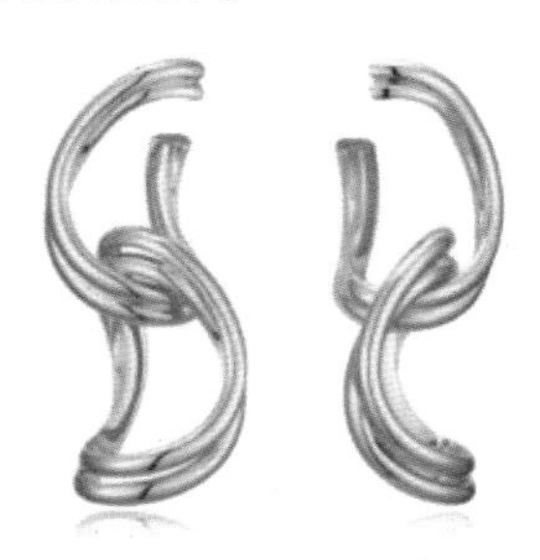
图6-10　蒂蒂朵宝 Signature D 系列

图6-11　香奈儿 My Green 金手镯

2. 故事素材内容

故事可以解释为旧事、先例、典故、花样等含义。设计师通过一个故事、一部诗词或一首歌赋，把故事核心精神融合并浓缩在一件设计作品里面，体现并突出精髓。

除了大自然以外，珠宝首饰设计师最为常用的方法便是将自身生活的故事融入珠宝首饰设计中。这种灵感来源的方式在珠宝设计中非常常见。作为中国新一代杰出珠宝设计师的任进先生，便是用珠宝首饰设计讲述个人故事的佼佼者。任进先生的蜻蜓摆件是“青春的投影”系列珠宝首饰中讲述其童年故事的一件作品（图6-12）。在对这件珠宝首饰设计评价时，他回忆道：小学时经常从家里偷出一块块金黄透明的松香，放在废罐头盒里把它加热熬化用作粘蜻蜓的胶，在树底下仰着头找蜻蜓，乐此不疲。于是，设计师用珠宝做了一只蜻蜓摆件，因为他相信这会勾起很多人儿时的快乐记忆。这便是具有个人故事的珠宝首饰设计的典型代表，通过讲述个人的故事来引起观者的共鸣。

图6-12　蜻蜓摆件

3. 寓意素材内容

所谓寓意，是寄托或蕴涵的意旨或意思，或取其谐音，或取其性情，或取其形状。这是一种设计师常用的素材，也更符合中国国情。中国人含蓄，喜欢借物寄情，借物寓意。在具象素材里面，我们讲到具象素材有表象的一层意思还有暗含的另一层意思，这就是寓意。如葫芦常常用来寓意福禄（图 6-13），四季豆带有四季发财、四季平安之意（图 6-14），苹果寓意平安之意（图 6-15），钥匙寓意时来运转（图 6-16），有人希望消灾解难、延年益寿，也有人寄托升官发财、家人健康的愿望等。寓意题材不仅在传统的中国首饰中广泛应用，在现代的珠宝设计作品中也常常被采用。

图 6-13　葫芦吊坠

图 6-14　四季豆形态耳饰

图 6-15　苹果形态吊坠

图 6-16　钥匙形态吊坠

西班牙品牌桃丝熊（TOUS）在 2020 年情人节之际推出限定款项链及手链（图 6-17），皆以钥匙、爱心为设计元素，寓意锁住幸福，打开心扉。爱心图案是幸运符号，更是爱的象征，而钥匙是打开幸福的大门。寄托美好寓意的首饰更加受到人们的喜爱。

图 6-17　桃丝熊 2020 情人节限定款项链

4. 信仰素材内容

可以说有人的地方，就有信仰。在漫漫历史长河中，信仰化为宗教的符号，变做神秘的图腾，凝结为黄金的尊贵与宝石的能量。让寄托着信仰的珠宝陪伴在身旁，便是对心灵最好的慰藉。信仰是人类心目中的绿洲，是精神的劳动，也是一种标志，所以信仰素材内容在珠宝首饰中同样得到广泛的运用（图 6-18）。

克罗心（Chrome Hearts）是一个来自美国洛杉矶的时尚品牌，成立于 1988 年。该品牌以其独特的设计和高品质的制作工艺而著名，深受时尚人士和名人的青睐。该品牌首饰系列最具代表性的也最受欢迎的就是十字架元素，克罗心品牌的十字架元素代表着上帝的爱与和平，作为全球知名的银饰品牌，受到非常多人的青睐（图 6-19）。此外，克罗心品牌的十字花图案还象征着年轻人对现实生活的叛逆情绪，同时它还是尊贵的象征。

图 6-18　带有信仰内容的首饰

图 6-19　克罗心项链

三、素材的提炼

大自然是人类最好的导师，自然界中的事物有着各种形态，是一个无尽的巨大图库。设计师即使耗尽一生的时间，也不能将其完全临摹下来。因此，珠宝首饰设计师要学会将自然的形态提炼、概括后，再运用到设计中。

1. 设计素材提炼方法

客观物象的描绘、记录、抽象、概括主要表现为二维的影像，在二维平面中表现生物形态的曲直、明暗、虚实和空间特征，以及重复、渐变、对称的结构和均衡、韵律的形式美感。例如植物叶片的轮廓形状，可以根据抽象几何概念的描述归纳为曲线形、直线形、椭圆形、三角形或平行四边形等；还有些物象的形态为对称形态，有明显的对称轴或对称点；而另外一些物象的形态却表现出一定的数理、比例关系，如黄金分割、等差数列等。

通常可以利用借用、引用、移植或替代等方法进行具象、仿真的模拟，也可以对物象特征进行概括、提炼，然后用抽象的几何形态通过不同的构成要素直接再现客观物象的个性特征。一般这类首饰作品形态活泼、可爱，语意清晰、直白，具有较为突出的装饰感和艺术性。

2. 设计素材的提炼体现个人风格

素材的提炼和加工过程不是程式化的、一成不变的，由于不同设计师的审美趣味、文化背景、时代背景的差异，同一个素材在不同的设计师手中会表达出不同的内涵，体现出设计师的个人风格。下面举几个实例说明。

（1）以兰花为主题。具有异国情调的兰花深受西方珠宝首饰设计师的青睐，许多设计师都尝试过这一主题的设计，然而不同的设计师设计出的作品风格迥异。

图 6-20 和图 6-21 中的两件发饰都以兰花为主题，灵感虽然相同，并且都是新艺术时期作品，但出自不同的设计师之手，便具有不同的风格。图 6-20 的兰花发饰由弗奎特珠宝公司的首

席设计师查尔斯·迪罗西尔（Charles Desrosiers）设计，利用珐琅微妙的色彩和优美的曲线逼真地刻画出兰花的生动形象。

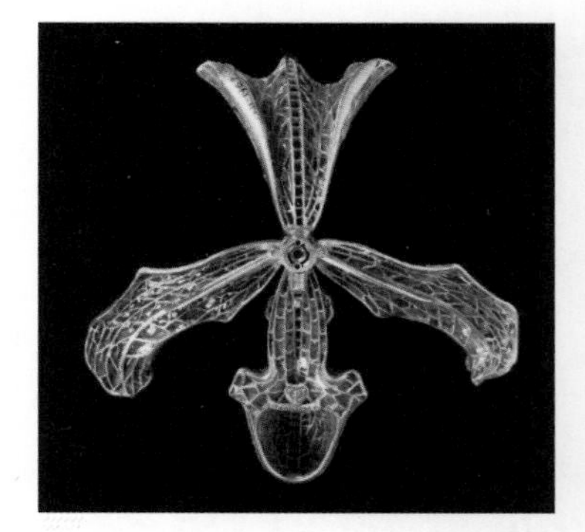

图 6-20　兰花发饰　查尔斯·迪罗西尔设计　　图 6-21　兰花发饰　菲利普·沃尔夫斯设计

图 6-21 由菲利普·沃尔夫斯（Philippe Wolfers）设计。他是新艺术时期比利时著名的珠宝首饰设计师、雕刻家及玻璃器皿设计师，同时还是一名成功的珠宝商。他设计的这件兰花发饰采用了当时非常先进的、具有高度技巧性的珐琅上色技术，并且配以钻石和红宝石的点缀。精致的工艺显示出作品的华丽效果，透明的质感及璀璨的光芒使之看上去宛如冰雕的艺术品，散发出脆弱、感伤的美。相比之下，查尔斯的兰花发饰显得朴实纯净，多了几分自然的情趣。

同为以兰花为素材内容的珠宝首饰设计作品，卡地亚的 Caressed' orchidées par Cartier 系列整体设计灵感都来源于兰花，但却表现出与前几件新艺术风格首饰截然不同的审美情趣和意味。图 6-22 这件卡地亚兰花戒指采用 18K 金和钻石的材质搭配，抛弃了繁复的装饰细节，通过高度的艺术提炼和概括，用流畅简洁的线条描绘出兰花绽放的情景。这种线条的运用方式和设计风格恰如其分地吻合了现代女性追求独立、坚强的情感需求，而点缀在花瓣上的钻石宛如晶莹剔透的露珠，为整件首饰增添了一丝柔美。

图 6-22　卡地亚兰花戒指

（2）以蜘蛛为主题。蜘蛛作为一种常见的昆虫，也受到众多珠宝首饰设计师的关注。自古蜘蛛就有着非常好的寓意。在中国传统文化里，蜘蛛是喜庆、祥瑞的象征，因其外形神似“喜”字，故有别名“喜子”。在一些庙宇中，可以经常看见蜘蛛网上吊着一只拉着蛛丝下垂的蜘蛛这样的画面，蜘蛛乘着蛛丝滑落寓意“喜从天降”，是瑞图的主要题材之一。明代晚期嵌宝石蜘蛛形金簪充分体现出设计师巧妙的艺术构思（图 6-23）。蜘蛛在簪的侧面，蓝宝石做成蜘蛛的身体，红宝石做成蜘蛛的头部，红蓝配色十分俏皮活泼，金丝缠绕宝石做出蜘蛛的小爪，再以金珠点出蜘蛛的眼睛，仅以两颗宝石的色彩就表现出了金簪的华美，没有其他多余的装饰。相比起明代晚期蜘蛛金簪的喜庆，意大利珠宝设计师 Roberto Coin 设计的手镯，带着些许哥特暗黑风，将蜘蛛的六个爪子设计成手镯的镯身，这个少见的设计让手镯的时尚感升级（图 6-24）。蜘蛛的头部和身体都为金属镂空设计，头部有一个十字，形态仿佛在捕食。纹章学上，蜘蛛的象征意义为在任何事中都表现出明智、努力和洞察力。西方经常将蜘蛛设计得更加写实，用来表现更加聪明的形象，少了几分可爱，但不缺少高级感。

图 6-23　明代晚期嵌宝石蜘蛛形金簪

图 6-24　Roberto Coin 设计的蜘蛛手镯

（3）以蛇为主题。在古希腊神话中，蛇不仅为罗马人广泛奉祀的埃及女神伊西斯专用，也是医神阿斯克勒庇俄斯和健康女神许革亚的标志。在珠宝首饰中，蛇造型却是时尚潮流永不过时的元素。在不同的设计师手中，蛇的形象也发生着变化。世界上第一个把珠宝做成蛇形的品牌是宝诗龙（Boucheron）（图 6-25）。1876 年，宝诗龙先生在出远门前做了一条金蛇项链送给自己的妻子，并告诉妻子这条项链将暂代他成为妻子的守护者。妻子看后非常喜欢这条蛇形项链，并把它当作护身符随身戴在身上。为了纪念他们的爱，宝诗龙先生在后来的设计中把蛇的形象设计成了各种各样的珠宝，蛇的形象也代表着无尽的爱。卡地亚在 1906 年推出了一款美杜莎挂坠项链，采用铂金和黄金制作，绘有珐琅，镶嵌钻石、珍珠和珊瑚（图 6-26）。

图 6-25　宝诗龙蛇形项链

图 6-26　卡地亚美杜莎挂坠项链

总之，素材的内涵非常丰富和多元，它是设计创作的基石。设计师必须不断提高自己的艺术和文化素养，潜心观察，将素材巧妙运用和处理，才能设计出有深度和广度的作品，建立艺术观念的独到见解。

第二节　珠宝首饰设计的主题

设计因设计目的的不同，其含义也多种多样。设计可以理解成是为了适应人们的不同要求而达到某个层面水平的表现活动，其目的是整理思路、丰富内容、发现创意。美术领域的设计，除了包括所有设计共通的含义之外，还有以怎样的方式宣传一种思潮、一个产品的含义。明确设计目的，确立设计主题，才能为后面的设计活动打下坚实基础。

一、掌握主题的要点

基于当前社会进入创想时代的背景，珠宝首饰市场越来越注重个性鲜明的款式设计，以此来满足消费者对独特性和个性化需求的追求。同时，为了进一步吸引消费者，珠宝首饰设计除了要在色彩和材料方面进行创新外，更重要的是首先要掌握主题的要点，以便设计师更好地展开后续设计，以激发佩戴者的情感共鸣。

1. 认识作品主题的作用

认识作品主题对作品本身具有相当重要的作用。有了主题可以帮助人们更明确、更迅速地认识作品的内涵，从而引导他们理解、懂得作品的物质价值和精神价值，对作品的传播推广起到积极作用。同时，明确作品的主题可以帮助设计师高屋建瓴地抓到内容的关键，有效地围绕关键内容展开叙述，不跑题、不偏题，自觉地在主题的指引下构筑完整的题材、内容、形式，创作出生命力和感染力强的作品，从而提高设计的成功率。

2. 懂得凝练作品的主题

既然作品主题有着相当重要的作用，那么怎样形成作品的主题，无疑有着积极的探索价值。不少新晋设计师问道：是先有作品主题再确定内容、形式、题材，还是先有作品的内容、形式、题材再确定主题？这些提问的核心就是关于主题是怎样形成的。从大多数的设计实践来看，主题与形式、内容、题材是互为关联的，主题指引内容、形式、题材的选择与确认；同时，内容、题材又对主题有着极大的影响，甚至可以从中凝练出主题。因此，作品主题的形成可以有上述两种状态。一些国内外珠宝首饰设计竞赛往往会采取主题式命题，让参赛设计师根据命题进行设计，如敦煌系列主题（图 6-27），不管是头饰、项链还是手镯，独特的纹样和颜色搭配，都展现出异域风情；也有一些珠宝首饰设计竞赛采取材料（如钻石、珍珠、铂金、黄金）作为内容，让参赛设计师自行确

图 6-27　敦煌系列主题首饰设计

立主题并进行设计。主题凝练和确立需要下大功夫，特别要懂得自觉地依据内容、形式、题材进行严密整合，形成恰当、正确的主题，而不是随心所欲地拟一个主题。

3. 掌握作品主题的范畴

无论是珠宝首饰的消费者，还是珠宝首饰设计师，许多时候对于作品的主题存在难以名状的情况。例如，一枚戒指抑或一款挂坠，似乎较难给予明确的主题范畴，一般只能主观地判断好看或不好看。这种情况表明，消费者是因其非专业的缘故而不知作品的主题所在，而设计师是因其不自觉地遗忘了作品主题的阐述。我们认为，每一件珠宝首饰都应该具有主题，否则很难阐述其作品内涵，也很难引起消费者的兴趣，况且在设计实践中离开主题会变成毫无目的地进行设计，这种行为的结果是作品的价值被削弱。当然，与其他一些艺术作品相比，珠宝首饰的主题并不恢宏、广博，这是它的形式所致，但在人性的情感层面绝不缺少感染力，从爱情的表达、亲情的传递，到对生命的歌颂、对生活的赞扬、对未来的祝福，都可以充分地、真实地体现。例如，有父母给刚出生的宝宝戴上祝福首饰，常见的有长命锁，寓意平安喜乐（图 6-28）；有丈夫给爱人戴上心意首饰，表达爱意或陪伴；有朋友送知己纪念首饰，表达美好祝愿。珠宝首饰中包含的爱情、亲情、友情可谓至深至远。因此，在设计实践时，对于设计作品主题的范畴表达既可以是细微、易解、轻松的，也可以是优雅、深远、庄重的。只有掌握不同消费对象、不同消费目的对作品的要求，准确选择作品主题范畴，才能使珠宝首饰成为拥有者心仪的作品，这是一个设计师最需要建立的认知。

图 6-28　长命锁

4. 提升作品主题的深刻性

在珠宝首饰设计实践中，对于同样的主题，不同的设计师有不同的理解，因而就有不同的作品出现。有的作品表现得比较浅显、简陋，有的作品表现得比较深刻、隽永。这种状况反映了设计师对作品主题认识的深刻程度，也体现了对作品主题表现的功力强弱，但凡深刻、隽永的作品，在形式、内容、题材上都较优美、新颖、独特，因而作品的生命力与感染力更胜一筹，影响力也就更为广泛。为此，设计师要不断提升作品主题的深刻性，从而创作出具有高品质、好品位的珠宝首饰作品。怎样提升作品主题的深刻性呢？下面以几件中外珠宝首饰的作品为案例，帮助大家认识这个问题。

爱情的主题是大家都比较熟悉的，也是珠宝首饰设计师设计比较多的作品。许多设计师会用心形、玫瑰等图形或“LOVE”字母来表示爱情（图 6-29 ~ 图 6-31），这样的设计直观地呈现了人们对于爱情的理解与憧憬。问题是一直并广泛地采用这样的方式来表现作品主题，不说缺乏新意，就从主题的深刻程度而言，也是需要进行提升的。卡地亚珠宝首饰对这个主题的认识比较深刻。其设计师 AIdo Cipullo 于 1969 年设计了一款螺丝钉式手镯，也是以爱情为主题（图 6-32）。该作品需要两个人一起用特制的螺丝刀才能打开，极其传神地诠释了情侣之间对爱情的追求。由于对爱情主题独到的深刻认识，这款作品几十年来成为该品牌经典的爱情系列首饰。

图 6-29　爱心项链

图 6-30　玫瑰花形项

图 6-31　Love 字母项链

图 6-32　卡地亚手镯

又如，意大利设计师将爱情首饰设计成夫妻两部分，爱妻是一把爱情锁挂坠，丈夫是一枚爱情钥匙挂坠，用爱情钥匙打开爱情锁，并可取出锁里的爱情密语，把爱情的唯一性表现得淋漓尽致，感人肺腑（图 6-33）。这种对于作品主题深刻性的表达真是无与伦比。

图 6-33　爱情首饰挂坠

对珠宝首饰作品的主题表现，许多设计师以为是一个简单的形式问题，而不是一个重要的认识问题，由此，造成了大家都比较轻视主题表现，不少作品出现雷同，没有特色。纵观那些经典的珠宝首饰可以发现，但凡传神、出色的作品都可以明显地看到其清晰、深刻、独特的主题，因为有了它们，作品就有了灵魂，有了灵魂的作品就有了生命力和感染力。

对珠宝首饰作品的主题表现，也有的设计师认为是设计中的技术性问题，如果经验足够丰富是完全可以克服的。技术诚然可以帮助解决部分问题，但不能根本解决作品主题的真正表达。如果设计师不能自觉地重视主题，就不能发现问题的所在，也无从真正解决它。为此，希望大家要注重对作品主题的认识。

二、主题的内涵

珠宝首饰的主题是指作品表现或表达的内涵要旨，即给予内容设计一个明晰的基本范畴，以阐述作品最重要的含义。主题是通过题材、内容、形式等整合并提炼而成的，是作品最关键的表达，甚至是作品的灵魂表现。从艺术规律来讲，主题的缺失或不明确，会直接导致作品生命力与感染力的孱弱。因此，作为珠宝首饰设计师，在设计实践中必须十分重视对主题的认识，并且要掌握怎样形成、提炼、表达主题，使自己设计的每一件作品或每一项内容都具有清晰而又完整的主题。

一些新晋设计师认为，在普通大众的珠宝首饰设计中要表达主题有些困难，甚至是没有必要的。例如，一枚素面的戒指（图6-34），它怎么表达主题呢？我们认为，这种现象表明他们对于主题的表达缺乏认识，也由此造成对主题表达的自觉性不够。即便是一枚素面的戒指，依然可以阐述它的主题。它的主题就是形式本身，这种形式表达了某些信仰、族群、符号等特殊内容。这种素面的戒指在不同时期、不同环境下，曾产生过不同的主题作用。在欧洲的中世纪，宗教领袖可以戴着它，以表达地位特殊；在文艺复兴时期，新人结婚时戴着它，以表达对爱情的信赖，如若稍微加些文字或符号，就更具特别含意，像小说《指环王》中的魔戒，不就是在素面的戒指上加了些文字，变成了特别（象征法力显现）的用具。当下，有着更多的年轻人喜爱素面戒指，它象征纯洁、天真无欲无求，不需要太多的修饰，就能展现出自身独特的魅力价值。

图6-34 素面戒指

综上所述，主题可以始终存在于作品中，只是看设计师能否准确地表达出来。如果作品出现主题缺失的现象，那多半连形式也不可能完整地表述，如将杂乱的信息、素材毫无整合地堆放在一起，以及没有规律的线索、错误的符号、不被认可的想象等。

第三节 珠宝首饰设计的构思过程

珠宝首饰设计构思是指珠宝首饰设计过程中进行的思维活动。从本质上来讲，设计构思是一种创造性的思维活动，其过程非常复杂，包括逻辑思维和形象思维两种思维方式的交替运用。虽然设计作品的风格多种多样，设计表现方法也有很多种，但其设计的构思过程大致相同，一般需要经历以下几个阶段。

一、设计构思阶段

现代人对首饰的要求已经不再局限于其物质属性，同时也包含了人们对精神世界的追求，所以珠宝首饰设计必须有很好的创意，必须经历设计构思阶段。

珠宝首饰的设计构思有着多元的设计资源、构思路径及灵感引导。虽然设计构思方法与设计目的、设计要素、设计风格等许多因素相关，并不存在固定的模式和规定的方法，但创造性的思维还是有一定规律可循的。归纳下来，设计构思方法主要有以下三种。

1. 从确立主题着手的设计构思

确立主题是珠宝首饰设计构思常常遇见的情况。主题的确定是展开思维的前提，各种思维活动都围绕着这个主题进行。

2. 从限定的材料或制作工艺着手的设计构思

从材料和工艺中获得构思，对于珠宝首饰设计几乎是一种本能的反应。考虑珠宝首饰材质自身的独特美感和加工过程中的某种偶然因素也应归属于珠宝首饰设计的范畴。这种偶发的灵感不仅是对设计的丰富和补充，也是设计师的智慧、艺术灵性和审美情趣无拘的流露。现代材料和制作工艺的丰富性使这一因素所起的作用更加活跃。设计师首先需要对所选材料的特性有深入的了解，包括材料的质地、颜色、硬度、重量等。设计师还需要探索适合这种材料的制作工艺，最终将材料特性和制作工艺融入设计中，确定设计主题。

图 6-35 中项饰的设计灵感实际上是从紫色翡翠原料中得到的，或许它并没有特别的主题，只是为了突出翡翠的浓艳紫色。图 6-36 中花形戒指的花瓣实际上是含有许多黑色内含物的钻石切片。如果仅从品质上讲，这种钻石内含物很多，不属于优质钻石，但经过设计师的精心构思，巧夺天工地将钻石独特的内含物特征以花瓣的形态展示出来，创造出一种独特的视觉效果。

图 6-35　紫翡翠吊坠

图 6-36 花形戒指

3. 有感而发的设计构思

珠宝首饰设计的构思活动有时还会受到非理性因素、偶发性因素、直觉迸发及想象因素的影响。这类因素的作用在构思活动中是神奇而生动的。这种灵感突现式的、带有偶发色彩的获得，既是建立在前述方法的基础之上，又是个人经验、修养、情感及其他因素的融会爆发。

图 6-37 的设计灵感源于国家一级保护动物——穿山甲。作为世界上最古老的物种之一，它在地球上已生存了至少 4000 万年，由于近几十年被大量捕杀，穿山甲已岌岌可危。穿山甲性情温和，白天在洞中休息，夜晚外出觅食。一只穿山甲一年能吃掉大约 7000 万只蚂蚁和白蚁，保护大约 250 亩（16.7 万平方米）森林免受白蚁侵害，它就像黑夜卫士一般守护着森林和人类

家园。2019年，中华穿山甲在中国大陆地区被宣告“功能性灭绝”，设计师由此萌生了以穿山甲为主题的设计想法，希望通过珠宝首饰设计的形式呼吁人们保护濒危动物。此系列作品将穿山甲最具代表性的鳞片作为设计元素，将线条花纹以抽象方式呈现。胸针的梭形轮廓由穿山甲外形提炼而来，形似树叶，象征生命。戒指选择了灰色系尖晶石和玫瑰金色搭配，色系贴近穿山甲自身的大地色。整体造型简洁、现代。

图6-37 “穿山甲”戒指

二、绘制草图方案

珠宝首饰设计草图是从设计概念到视觉形象转化的重要环节，是文字语言到形式语言的转化，是事物的表面到内在意义的提炼和挖掘。换言之，草图就是设计本身，草图可以直观地体现出设计师的想法。确立草图方案是设计过程中的重要一步。

通常一个设计意念在创意中萌发并在草图中得到体现，而草图中的设计信息又可以反馈到设计创意之中，进一步深化设计创意思维，直到设计草图能正确地反映出设计创意的内容，才算完成了设计草图的全部绘制过程。

在传统过程中，确定主题、选好素材之后，设计师会先在纸上画一幅新作品的草图（图6-38）。设计草图可以标注尺寸，也可以标注文字说明，可以有外观和结构草图，也可以画成拆卸草图。设计草图所用工具简单、表达直观、修改方便、图示全面。想要最后的设计成品新颖独特、时尚精美、高档大气，在设计草图阶段还要考虑到成品将采用的材料、工艺以及颜色的搭配。此外，珠宝首饰品牌理念和设计师个人风格的体现，也是设计师在草图绘制阶段所需要考虑的。

同时，在定制珠宝首饰的设计中，设计师也需要随时与客户沟通。经过多次修改草图方案，最终可以确定珠宝设计图（图6-39）。

图6-38 绘制设计草图

图6-39 珠宝设计图

随着科学技术的进步，传统手绘逐渐被科学技术所取代，但是绘制草图仍然是设计过程中的不可或缺的重要一步。现在的设计师会先在纸上绘制草图，也可以利用平板电脑等工具绘制，然后通过绘图软件进行精细绘图，这样效率更高，颜色更鲜艳，效果更逼真。

总的来说，草图不需要绘制得过于精致准确，但是需要能够清楚地传达出设计师的想法。

三、确定珠宝首饰材料与色彩

珠宝首饰材料与色彩的选择，对于设计作品主题的表达起着重要作用。珠宝首饰的材料，不仅仅是构成饰品的物质基础，更是承载着首饰价值、质感和佩戴体验的关键要素；色彩则以强大的视觉冲击力和表现力影响着珠宝首饰的设计，成为设计中最重要的元素之一。

1. 确定珠宝首饰材料需要考虑的因素

在确定珠宝首饰材料时，需要考虑诸多因素。

首先，需要确定预算。不同的材料价格差异很大，例如黄金、白金和铂金的价格通常比银和合金高。如果是为一些大众品牌而设计的款式，要考虑到消费人群对于价格的接受度，应选择性价比较高的材料，如合金、锆石等；若是为高定或是奢侈品品牌设计的产品，则需要考虑到材料是否珍贵，是否能够彰显身份与地位，如翡翠、玛瑙、钻石等。

第二，要考虑到材料的纯度以及耐用性。材料的纯度也会影响其价格和外观。例如，纯金（24K）是最贵的，但硬度较低，容易刮花；而 18K 金则更硬，更适合制作珠宝。不同的材料有不同的耐用性。例如，黄金和白金非常耐用，不容易变色或失去光泽。而银和合金可能会氧化或变黑。

最后，如果是定制珠宝还要考虑到个人对材料的喜好以及是否会对材料过敏。一些人可能对某些金属过敏，例如镍。当然，有一些低廉的合成材料也会使人过敏。

2. 确定珠宝首饰颜色时需要考虑的因素

颜色是宝石最富感情色彩的外观特征之一，对色彩的准确把握可以表达出设计师的设计语言和意图。设计珠宝时，颜色选择是非常重要的一步。正确的颜色选择可以提升珠宝的美感和价值，而错误的选择则可能导致珠宝失去吸引力。以下罗列了确定珠宝颜色时需要考虑的因素。

（1）考虑目标受众。不同的人群对颜色的喜好有所不同。设计师需要了解目标受众的年龄、性别、文化背景等因素，以便选择适合他们的颜色。例如，年轻人可能更喜欢鲜艳的颜色，而中年人可能更喜欢稳重的颜色。

（2）考虑珠宝的用途。珠宝的用途会影响颜色选择。例如，婚戒通常选择金色或白色，象征纯洁和永恒；而项链和耳环可以选择更丰富的颜色，以增加时尚感。

（3）考虑珠宝的材质。珠宝的材质会影响颜色的选择。例如，黄金首饰通常选择黄色或白色，白金首饰可以选择白色或灰色。此外，宝石的颜色也需要考虑，以确保与珠宝的整体风格相匹配。

（4）考虑季节和场合。季节和场合会影响颜色选择。例如，春季可以选择明亮的颜色，如粉色和绿色；而冬季可以选择暖色调，如红色和金色。此外，不同的场合也需要选择不同的颜色，例如婚礼可以选择白色或金色，而晚宴可以选择黑色或银色。

（5）考虑流行趋势。流行趋势会影响颜色选择。设计师需要关注时尚界的最新趋势，以便选择符合潮流的颜色。例如近年来，蓝色和绿色的宝石越来越受欢迎，因为它们象征着自然和平静。

（6）考虑珠宝的整体风格。珠宝的整体风格会影响颜色选择。设计师需要确保所选颜色与珠宝的风格相匹配。例如，复古风格的珠宝可以选择棕色和金色，而现代风格的珠宝可以选择银色和黑色。

（7）考虑珠宝的尺寸和形状。珠宝的尺寸和形状会影响颜色选择。例如，大型的珠宝可以选择鲜艳的颜色，以增加视觉冲击力；而小型的珠宝可以选择柔和的颜色，以增加优雅感。此外，不同形状的珠宝也需要选择不同的颜色，例如圆形的珠宝可以选择明亮的颜色，而方形的珠宝可以选择稳重的颜色。

（8）考虑珠宝的价格。珠宝的价格会影响颜色选择。设计师需要确保所选颜色与珠宝的价格相匹配。例如，昂贵的珠宝可以选择稀有的颜色，如蓝钻和红宝石；而便宜的珠宝可以选择常见的颜色，如黄金和白银。

（9）考虑珠宝的品牌定位。珠宝的品牌定位会影响颜色选择。设计师需要确保所选颜色与品牌的定位相匹配。例如，高端品牌的珠宝可以选择奢华的颜色，如金色和钻石；而中低端品牌的珠宝可以选择实用的颜色，如银色和珍珠。

（10）考虑环保因素。环保因素也会影响颜色选择。设计师需要选择环保的材料和颜色，以减少对环境的影响。例如，可以选择使用无铅的颜料和无镍的金属。

第四节　珠宝首饰的展示设计

珠宝首饰的展示设计不容忽视。良好的展示可以强调商品的特性和价值，甚至可能提升其原本的价值。此外，良好的展示设计使消费者更易于接受商品的各种信息，能够引导顾客购物，影响和提升消费群体的审美水平，甚至可以引发消费，还可以提升品牌形象和知名度，使消费者产生对品牌的认同感和信任感。

一、珠宝首饰三视图表现

珠宝首饰是三维立体的，在空间中占据一定的体积。大多数珠宝首饰从不同的角度观察会呈现不同的外观，因此单从某一角度进行绘制很难表现出其全貌。尤其当设计与制作相分离时，后期制作过程中，如果没有多角度的结构分解图，制作者将很难全面理解设计师的实际意图。在设计师不断的探索过程中可以发现，从前、左和上方位置观察，就可以初步较准确地把握首饰的整体形态特征。因此，设计师常常通过作珠宝首饰的三视图来确定珠宝首饰的基本造型。

通过三视图的角度对珠宝首饰进行观察绘图，主要特点是可以帮助设计师准确地表达首饰的结构尺寸与形体空间的关系，帮助制作者了解、认清、掌握作品的加工特点，正确领会设计师的设计要求。

三视图指一个形体的俯视图、正视图、侧视图，通过不同的视图可以认识作品的结构，制作时有明确的参照依据。其中，正视图是指当珠宝首饰平行于设计师面部，垂直于中视线时，珠宝首饰垂直于地面的状态，观看者看到的是珠宝首饰正立面的效果；俯视图是指观看者从上面俯视看到的珠宝首饰顶部的造型形态；侧视图是珠宝首饰侧面的形态。以戒指三视图（图6-40）为例，俯视图就是从上往下看，能看到的戴在手上的部分（右上），正视图也就是把戒指立起来拿的时候能看到戒圈位置的部分（右下），侧视图是正视图的侧面，看不到戒圈的形状（左下）。

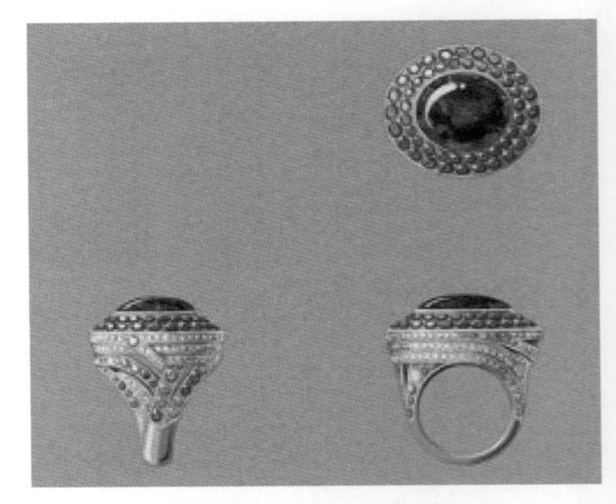

图6-40　戒指三视图

制作珠宝首饰三视图时，可以借鉴机械制图中的三投影面体系，即对于形状相对简单的物体进行三个方向观察投影，并记录于图纸上。由于大部分珠宝首饰的结构和造型相对简单，有些具有对称性，所以采用简化的三投影面体系及对应的三个视图（正视图、侧视图和俯视图），或者两个视图（正视图和俯视图）就能实现珠宝首饰形体结构的良好表达。对于不对称的珠宝首饰，可以采用四个视图（正视图、左/右视图、俯视图和仰视图），甚至六视图（正视图、左视图、右视图、俯视图、仰视图、后视图）来完整体现。

为了表达形体特征和大小，通常在正视图、左视图和俯视图上标出尺寸和角度等数据。为了表达复杂精细的内部或者局部形态，可以通过适当增加剖面图（如全剖视、半剖视、局部剖视、局部放大、重叠剖视或展开视图）来补充。

在绘制三视图和读图时，可以依照下面两个方法进行。

1. 形体分析法

形体分析法是根据视图的投影关系，分析珠宝首饰由哪几个部分组成、各组成部分由哪些基本几何体组成、各部分之间的位置关系及连接方式珠宝等内容。由于正视图反映出珠宝首饰的结构特征，读图时一般都是从正视图着手进行分析的。

2. 线面分析法

线面分析法是从正视图所形成的比较大的线框开始，采用线条分析的方法，分别找出与线条对应的投影图形，并分析整个线框的整体形状和空间位置的方法。

目前三视图在商业珠宝首饰设计中使用频繁。需要说明的是，所有的珠宝首饰作品都存在两度创作，一度创作是设计师，二度创作是制作者。任何三视图都是给予制作者一种参照，制作者有理由也有权力对设计师的图稿或调整或修缮，使作品更完美。当然，在调整或修缮时必须具有一定的合理性，以及相应的技术支撑。除了三视图以外，还有剖视图、局部图、施工图等，都可以辅助制作者更好地完成作品。

二、珠宝首饰效果图的表现

珠宝首饰效果图的绘制是从事珠宝首饰设计工作一项不可缺少的技巧，应用于设计的各个阶段。在初期主要落实研究和表达视觉理念，中后期则有助于帮助设计师准确地绘制出首饰的结构，以便展示给客户，或者是与工厂制作对接。金属和宝石是珠宝首饰中常用的材质，也是在效果图中表现的重点。

1. 金属的造型与光影的表现

在珠宝首饰中常用的金属有黄金、铂金、白银等。黄金天然呈金黄色，但为了防止其变形，增加其硬度，黄金也会和其他金属混合，呈现出不同程度的黄色。铂金是一种天然的白色贵金属，金属的光泽感也极强。白银首饰带有银白色的金属光泽。金属质地有其固有的特点，按照明暗的五大特征，其亮面和暗面明度对比较大，高光比较鲜明，给金属上色也要遵循“明暗交界线、反光、中间调子、亮部、高光”五大调子的原则。常见的金属的画法步骤如下（图 6-41）。

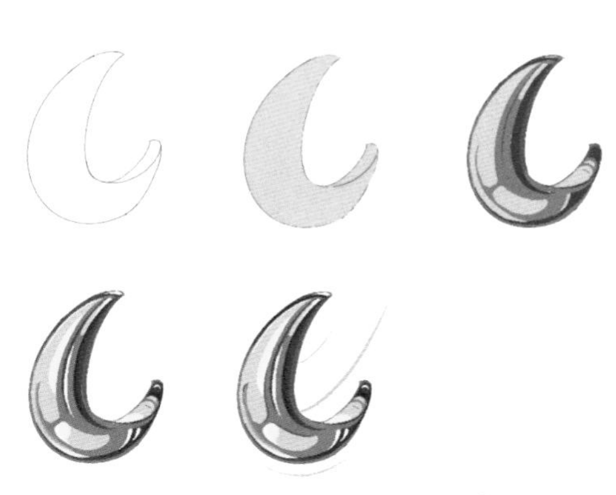

图 6-41　常见的金属的画法步骤

（1）分析首饰造型的形状走向，理解层次遮挡关系和光影关系，得出正确的明暗位置分布。

（2）细致处理线稿，铺上金属固有色。

（3）选择深色给暗部上色，区分基础暗部位置。

（4）突出亮部颜色，上浅色及高光。

（5）采用糅合工具，处理色块过渡。

（6）添加交界线、高光反光、阴影及表面肌理细节。

2. 宝石的造型与光影的表现

宝石有素面型与刻面型等之分。素面型又称弧面型或凸面型，是指表面凸起，截面呈流线型，具有一定对称性的款式。刻面型又称翻面型、小面型，指外轮廓由若干组小平面围成的多面体型。此外，还有珠型、混合型、自由型等加工款式。其中，透明的宝石往往切割成许多几何形状的小面，不透明的宝石的外观则切割成弯曲、弧形。刻面型宝石又可以分为简单圆形、标准圆形、简单与标准水滴形以及橄榄形、方形、三角形等。不同形状的刻面型宝石结构图及光影表现见图 6-42。

图 6-42　不同形状的刻面型宝石结构图及光影表现

常见的椭圆形切面宝石的画法步骤如下（图 6-43）。

（1）建立直角坐标系，过原点作两条 45° 的直线，绘制指定尺寸的椭圆形。

（2）连接坐标与椭圆的交点，擦去辅助线。

（3）分析宝石的光影，画出宝石的切割面。

（4）选择宝石的主色调，铺上固有色。选择深色给暗部切面上色，区分亮暗面。突出亮部颜色，上浅色及高光。

（5）采用糅合工具，处理色块过渡。

（6）添加高光、反光、阴影及表面肌理细节。

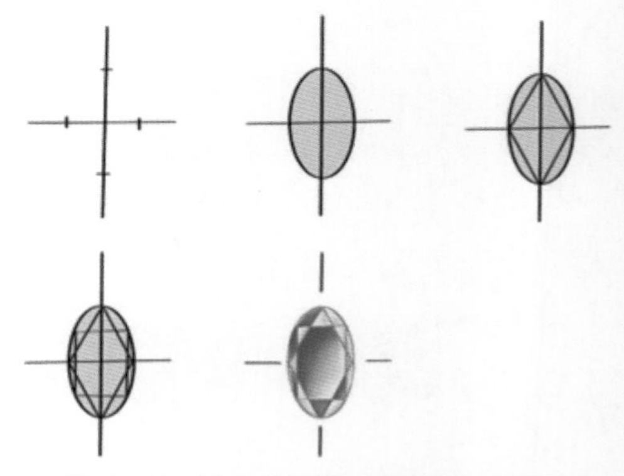

图 6-43　常见的椭圆形切面宝石的画法

三、珠宝首饰的宣传与展示方案

想要一款珠宝首饰或是一个珠宝首饰品牌在竞争激烈的市场中占据一席之地，就必须对其进行营销推广。宣传越来越成为连接消费者和产品之间的桥梁，恰当的、有特色的宣传展示方式能够更好地抓住新时代人们的眼球。

1. 借传统媒体优势，增加品牌认知度

借助电视、报纸、电台等传统媒体，将品牌推广宣传出去。制作精美的宣传册和海报，通过精美的设计和高质量的图片，展示珠宝首饰的款式、材质和工艺。同时，可以在宣传册中介绍品牌的历史和文化，增加品牌的吸引力。

2. 借福喜文化优势，增加品牌情感的传递

珠宝首饰的情感诉求与福喜文化相契合，形成品牌情感嫁接。借福喜文化之结婚、情人节、满月、生日、及第等机会，按类别、规模、级别等对珠宝首饰产品进行梳理，制定相应的市场推广方案。例如DR（Darry Ring）品牌在诞生时创下全球统一的浪漫规定：男士凭身份证一生仅能定制一枚钻戒，寓意“一生唯一真爱”。该品牌以“让爱情变得更美好”为品牌使命，为每对真爱恋人甄选全球美钻，以追求极致的匠心，苛求爱情信物的完美。DR求婚钻戒不仅是一枚意义非凡的钻戒，更是一生真爱承诺的见证者，致力于真爱的传播与见证，鼓励每个人都应该勇于追寻真爱，倡导“用一生爱一人”的信仰。这种品牌文化传递了正向的品牌价值观，更加能够引起消费者的共鸣。

3. 借新媒体优势，提高品牌知名度

通过互联网、移动电视、微博、手机等联动营销，在社交媒体平台上发布珠宝首饰的图片和视频，吸引粉丝关注。可以邀请时尚博主或明星代言，提高品牌的曝光度。它们的特点是具有体验性、社交性、差异性和关联性，这种模式有利于形成消费黏度，从而提高受众对本品牌的关注度与知名度。

4. 借事件营销优势，增加品牌美誉度

事件营销集新闻效应、广告效应、公共关系、形象传播、客户关系于一体，是通过策划、组织和利用具有名人效应、新闻价值、社会影响的人物或事件，引起媒体、消费者的兴趣与关注，从而提高企业或产品的知名度、美誉度，树立良好品牌形象，并最终促成产品销售的营销手段。

5. 借品牌合作优势，使品牌更加多元化

与其他高端品牌合作，推出联名款珠宝首饰，扩大品牌影响力，扩大粉丝群体。如中华老字

号第一福珠宝携手服装潮牌 HEA，首次以跨界联名形式深度共创，让传统文化焕发国潮新姿，绽放璀璨新光（图 6-44、图 6-45）。基于共同的岭南文化、时尚消费和青年客群，第一福珠宝与 HEA 一拍即合，展开 IP 产品的跨界联名合作，以中华优秀传统文化为基础，以创新性形式聚焦表达，焕发新品牌国潮新风尚。

图 6-44 “蓄‘狮’待发”系列

图 6-45 古法串珠系列“莲莲看”

设计师围绕岭南醒狮和经典莲花元素，融合潮流因子和现代艺术审美，携手打造联名款国潮系列首饰，寄予美好希望和祝愿。“蓄‘狮’待发”系列中，狮头浮雕融合品牌联名标志，以金银方牌吊坠加持福运，蕴含蓄势待发之意，佩戴上身，尽显精气神；古法串珠“莲莲看”系列中，银莲主体搭配黄铁矿石，双色泽刚柔并济，相得益彰，表现莲花出淤泥而不染的品性，彰显其“花中君子”之美誉。还有“福气莲莲”联名礼盒，独具一格的莲花底纹包装，印上第一福 ×HEA 专属联名标志，表达福气连连的美好祝愿，经典黑金配色更显高级质感。

除了联名外，还可以举办珠宝首饰展览、试戴体验活动等，吸引顾客参与。通过线下活动，让消费者亲身感受珠宝首饰的质感和美感。

当然，珠宝的视觉呈现也很关键，需要关注以下几个方面。

第一，表现实物作品的各个方面，从造型到功能的完成度和品质感，都需要严格地把控。

第二，作品的拍摄方式如构图、道具、模特到环境氛围的营造都应为所表达的核心主题服务，适当出现品牌标志，更能加深消费者的印象。拍摄大片是作品的二次创作。

第三，作品呈现在具体空间中时，需考虑其与空间及陈设道具之间应当呈现出何种关系，要从审美和视觉角度整体把握。在陈列珠宝首饰时，要注重搭配和层次感。可以将同一系列的珠宝首饰放在一起展示，也可以将不同款式的珠宝首饰混搭在一起，展示出丰富的搭配效果。橱窗设计要简洁大方，突出主题，与时俱进，可以根据节日变化更换不同主题。同时，不管是柜台陈列还是橱窗展示，都要注意灯光的使用。不同的灯光亮度、灯光颜色以及照射角度，都会使珠宝首饰呈现出不同的效果。

最后，创作的过程中能表现视觉品质的图像、手稿和模型等素材都有可能辅助整体作品的呈现。设计过程和结果不是割裂开的，过程可以像成品一样展现，创作成果也可能成为创作脉络继续延续中的亮点。

第七章
珠宝首饰设计的市场营销分析

珠宝首饰产业是以珠宝首饰市场为对象，为消费者提供珠宝首饰产品和服务的综合性产业。市场是消费者对商品或服务意愿的需求关系的总和，是买卖双方接触和活动的场所。各珠宝首饰品牌需要紧跟市场趋势，灵活应对市场变化，通过创新设计、个性化定制服务和全渠道营销等手段，抓住机遇，提升品牌竞争力，实现长期稳定的发展。随着消费者需求的多样化和品牌竞争的加剧，珠宝首饰品牌需要不断创新和提升自身竞争力。通过产品多样化、跨界合作、线上销售渠道等方式，品牌可以拓展市场空间并吸引更多消费者。此外，品牌定位和文化打造、创新设计和定制化服务、多渠道营销以及增加产品附加值都是品牌成功的关键。总之，珠宝首饰品牌需要紧跟市场趋势，不断创新和发展，才能在竞争激烈的市场中取得长期稳定的成功。

第一节　珠宝首饰设计的市场战略分析

珠宝首饰市场竞争激烈，主要有国际大牌珠宝首饰品牌和国内珠宝首饰品牌两类。国际大牌珠宝首饰品牌因其品牌影响力和独特设计，一直是消费者追逐的对象。而国内品牌在近年来也崭露头角，通过创新、品质提升以及定位精准的营销策略，获得了市场份额的增长。此外，电商平台也在珠宝首饰领域崛起，凭借线上销售和精准定位等优势，逐渐改变市场格局。

一、珠宝首饰设计市场需求情况

从国内消费市场来看，随着人民生活水平的提高，珠宝首饰日益成为大众化的消费品，珠宝首饰的市场需求前景将更为广阔。随着市场和消费者的不断变化，珠宝首饰行业也将不断革新，以此来满足消费者和珠宝首饰设计市场的需求。

珠宝首饰市场调查是现代市场营销理论的重要组成部分，也是适应现代化经济发展需要的产物。珠宝首饰市场调查是指珠宝首饰企业运用科学的方法，有目的、有计划、系统地收集珠宝首饰企业所需要的各种信息资料，然后综合起来，客观地进行研究分析，为决策主体提供客观准确的信息，从而为珠宝首饰企业接下来的各项预测以及制定正确的决策提供可靠的依据。

市场细分的客观基础是消费者需求的异质性。市场细分源于消费者需求的多样性，加之竞争对手推出差异性产品或服务，抢夺市场资源，企业需要对市场进行准确的细分，将资源投到合理的方向，避免资源浪费，同时将企业经济利益最大化。企业通过市场细分，可以发现市场中未被满足的需要，通过分析这些客户特征，提供相应的产品，能够增加企业效益。从需求角度考虑，可以将市场分为两类，一类是同质市场，另一类是异质市场。同质市场是指消费者对产品的需求、欲望、购买行为以及对企业的营销策略的反应等方面具有基本相同或相似的一致性。当消费者对某类产品的质量、规格、款式、价格、性能、包装、服务等存在不同的需求、购买行为或购买习惯时，这些市场就叫做异质市场。绝大多数产品的市场都是异质市场。消费者需求、购买行为等方面的差异性是企业进行市场细分的基础。

消费者市场上存在众多消费者，不同的消费者由于教育水平、消费行为、购买态度、购买习惯的不同，有着或多或少的区别。不同类型的消费者由于需求的不同，各自形成单独的市场。对于不同的消费群体、消费者，市场应该推出不同的营销方案，甚至不同的商品。对于市场细分来说，并不是将一个整体的市场进行分解，而是将具有相似需求、偏好、购买行为的消费者划分为特定的群体。人们通常将消费品分为日用品、选购品和特殊品三大类（表 7-1）。这三类商品在消费周期、为购买所做的努力、购买时的计划性、对商品的关心程度、价格、资金周转率、利润、购物环境等属性上均各具特点。从表 7-1 我们可以看出，选购品和特殊品（高档消费品）需求量与收入水平密切相关，按典型的生命周期规律成长。促销环节和售前、售中、售后服务在销售此类产品过程中尤为重要。

表 7-1　消费品的分类及特点

项目	日用品	选购品	特殊品
商品实例	牙膏、肥皂、日用杂货等	电视机、电冰箱、家具等	珠宝首饰、照相机、高级时装等
消费周期	消费周期短、产品稳定	按生命周期逐步普及	成长速度慢
为购买所做的努力	考虑最少、习惯性购买	要考虑	认真考虑
购买时的计划	不关心	计划购买	认真计划
对商品的关心程度	普通价(差价小)	关心质量和品牌	关心更新换代的趋势
价格	高	高价(商品差价)	很贵(特殊差异)
资金周转率	小	中	低
利润	有地方特色、方便	大	特大
购物环境	百货公司、超级市场	有好的服务态度	店面装饰讲究、好的服务态度
选购地点	小商店、便利店	百货公司、专营商店	百货公司、专卖店

二、珠宝首饰设计市场定位策略

品牌定位是指企业在市场定位和产品定位的基础上，对特定的品牌在文化取向及个性差异上的商业性决策，它是建立一个与目标市场有关的品牌形象的过程和结果。品牌发展战略需要企业有一个较清晰的品牌定位、明确的业务战略框架，规定其未来发展的方向。珠宝首饰奢侈品企业也需要常常反思自己品牌的市场定位，如：设计产品向哪部分消费群体提供，希望塑造什么样的品牌形象，如何将自己的品牌与其他珠宝首饰奢侈品品牌区分开来。珠宝首饰奢侈品品牌定位的目的就是将产品转化为品牌，便于在消费者心中树立起独特的、正向的、丰满的、有特定效用的品牌形象。著名的奢侈品品牌都有自己鲜明的特征，即用始终如一的形式将品牌的功能与消费者的心理需求连接起来，通过这种方式将品牌定位信息准确地传达给消费者。

珠宝首饰市场经营战略与营销策略研究主要包括珠宝首饰市场的经营战略，行业市场细分的主要依据，行业市场定位和企业形象，以及为珠宝首饰商品进入市场和发展市场而实施的产品策略、价格策略、销售策略和促销策略等。

珠宝首饰市场营销的主要产业研究包括珠宝首饰零售业、珠宝首饰拍卖业的基本特点以及未来发展趋势。上述部分研究内容是相互关联的整体，实质上是市场营销学中珠宝首饰行业的研究分支。它运用现代市场营销学的基本理论和研究方法，结合珠宝首饰行业中具体的消费行为和销售过程，客观分析这类市场的环境变化，制定最佳的营销方案，采取最佳的营销策略，旨在在珠宝首饰市场中实现企业的经营目标。

1. 目标市场定位

对珠宝首饰品牌的市场定位，首先要考虑其消费者群体，了解此消费者群体对珠宝首饰的需求特点。我国的市场区域分布比较大，各个地方的消费观念存在差异，例如北方人喜欢颗粒大、面积大的首饰（图 7-1），南方人喜欢做工精良、细腻的首饰（图 7-2）。珠宝店经营者在决定进入一个市场时，一定要进行充分的市场调研，根据不同的消费者群体需求，选择适合自己发展的策略，从而在消费者心中树立起独特的品牌形象。

图 7-1　颗粒大、面积大的首饰

图 7-2　做工精良、细腻的首饰

2. 品牌属性定位

品牌定位是建立一个与目标市场相关的品牌形象的过程和结果。品牌属性定位即是指该品牌计划在消费者心中建立何种形象。成功品牌的特点就是以一种始终如一的形式，将品牌的功能与消费者的心理需求连接起来，通过这种方式，将品牌的属性定位明确地传递给消费者。在对一个品牌进行属性定位之前，一定要先对品牌属性和产品属性的关系进行分析。品牌的属性定位可以是由产品的属性产生的定位，可以是由产品给消费者带来的利益产生的定位，可以是通过产品的类别寻找品牌定位，还可以通过产品的质量与价格关系寻找品牌定位点。总之，品牌属性的定位一定要通过全方位的思考才能确定。

3. 品牌核心价值定位

核心价值是品牌的精髓，代表了一个品牌最中心且不具时间性的要素。核心价值代表品牌的个性，体现其品牌与其他品牌的差异性及给消费者带来的惊奇的感觉。例如："钻石恒久远，一颗永流传"就是戴比尔斯提出的经典广告语，戴比尔斯品牌风格定位为钻石品位、经典永恒。产品主要突现钻石般尊贵品质、梦幻般浪漫生活情调、风情万种的优雅气质以及历久弥新的经典爱情。这些国际著名珠宝品牌总是新款迭出，但每款都会围绕自己的核心价值进行设计、宣传（图 7-3）。

图 7-3　宝格丽首饰

品牌定位的目的就是将产品转化为品牌，以利于潜在顾客的正确认识。做品牌必须挖掘消费者感兴趣的某一点，当消费者产生这方面的需求时，首先就会想到它的品牌定位。品牌定位的目的就是为自己的品牌在市场上树立一个明确的、有别于竞争对手的、符合消费者需要的形象，即在潜在消费者心中占据有利的位置。良好的品牌定位是品牌经营成功的基础，为企业进入市场、拓展市场、形塑市场提供方向指引。若不能有效地对品牌进行定位，以树立独特的消费者认同的品牌个性与形象，必然会使产品淹没在众多质量、性能及服务雷同的商品中。品牌定位是品牌传播的客观基础，品牌传播依赖于品牌定位。如果没有品牌整体形象的预先设计，那么品牌传播就难免盲从且缺乏一致性。总之，经过多种品牌运营手段的整合运用，品牌定位所确定的品牌整体形象才能驻留在消费者心中，这是品牌经营的直接结果，也是品牌经营的直接目的。

三、珠宝首饰设计行业趋势及前景

珠宝首饰市场营销的研究对象主要是珠宝首饰企业在市场的营销活动及其内在规律性。从市场营销的角度来看，珠宝首饰市场营销研究对象的范围，不仅是指珠宝首饰产品通过市场这一中介转移到消费者手中的全过程，还包括珠宝首饰的来源、种类、选购，以及消费者的售后服务（如首饰的保养、维修等）。珠宝首饰营销过程的目标在于满足市场、消费者的需求，从根本上保证珠宝首饰企业获取相应的经济利益。珠宝首饰企业应树立现代市场营销观念，在实践中不断丰富和发展珠宝首饰市场的理论内涵。

随着社会消费升级和消费观念的变化，国内珠宝首饰市场将面临新的机遇和挑战。珠宝首饰市场趋势有以下几个方面。

第一，个性化消费趋势。越来越多的消费者追求个性化和与众不同的珠宝首饰产品，这为珠宝首饰品牌提供了更大的发展空间。

第二，跨界合作。珠宝首饰品牌与其他行业的合作趋势在增强，通过与时尚、艺术等领域的合作，推动品牌的创新与发展。

第三，线上销售渠道。电商平台的崛起为珠宝首饰品牌带来新的销售渠道和机会，尤其是年轻消费者更倾向于在线上购买。

珠宝首饰市场营销是基于市场管理理论体系并运用在珠宝首饰市场中，是专业化的市场营销学。珠宝首饰商品具备不同于其他商品的特性，不能照搬市场营销学的一般理论。建立在市场营销学理论基础上，结合珠宝首饰行业特点的珠宝首饰市场营销研究，将更好地指导珠宝首饰市场的营销活动。

珠宝首饰市场营销学涉及经济学、消费心理学、行为科学、管理学、市场营销学、宝石学、美学、文化学等多学科领域，研究内容广泛，属交叉学科范畴。故珠宝首饰市场营销学的理论研究，需兼容并济多学科的研究成果，综合运用多种研究手段，方能科学、准确地归纳珠宝首饰市场的变化规律，分析影响珠宝首饰市场营销的内在因素。研究珠宝首饰市场问题，首先要做到理论联系实际，其次要结合企业的实际，灵活运用有关理论、策略和方法。随着我国经济的发展，珠宝首饰产业对拉动内需，推动国民经济的增长，推进珠宝首饰产业经济的发展，更好地满足人民群众日益增长的物质文化需求，开发国家资源均具有重大的现实意义。对于珠宝首饰企业而言，应不断提高自身在市场中的应变能力，以适应不断变化的珠宝首饰市场。企业通过实际的市场营销活动，创造自身特有的营销途径。进一步丰富和发展珠宝首饰市场的基本理论，使它能沿着专业化的珠宝首饰市场营销学的方向前进，并在企业的经营管理中发挥巨大的作用。

第二节　珠宝首饰设计的品牌经营分析

当前市场竞争日趋激烈，如何在激烈的竞争中求生存，并能更好地发展下去，是珠宝首饰企业应关注的问题。创立珠宝首饰品牌，并将珠宝首饰品牌持续地经营下去，既是我国珠宝首饰产业在激烈的市场竞争中求生存和发展的战略性问题，也是企业在市场竞争中健康、稳定发展的必然结果。品牌是一个综合、复杂的概念，是商标、名称、包装、价格、历史、声誉、符号、广告风格的无形总和。品牌是一种名称、术语、标记、符号或图案，或是它们的相互结合。品牌的目的是识别某种产品或某类服务，并使之与竞争对手的产品和服务区别开来。珠宝首饰品牌即是识别某种珠宝首饰及珠宝首饰服务的一个标志。品牌的长期经营发展目标，就是使品牌所代表的整体产品能满足广大消费者的需求，能提供出一种长期稳定的高质量产品、好服务，并为广大消费者所喜爱接受，从而进一步成为名牌。

一、珠宝首饰产品的商品属性

珠宝首饰产品与其他产品相比有很多不同。珠宝首饰作为商品当然具备一般消费品应有的共性，但它又是特殊的商品，是奢侈品中的一类，因此又具有其特殊的属性。

1. 保值性与增值性

金银、玉石等物品属于不可再生资源，尤其是珍贵玉石更是“一石难求”。世界上没有完全相同的宝石，就天然珠宝而言，采一颗少一颗，不可再生，珠宝的珍稀程度由此可见一斑。物以稀为贵，并且随着人们对其需求的不断增长，长远看还具有增值的趋势。因此，人们自然会将这些物品作为财富保值或投资的首选（图 7-4）。

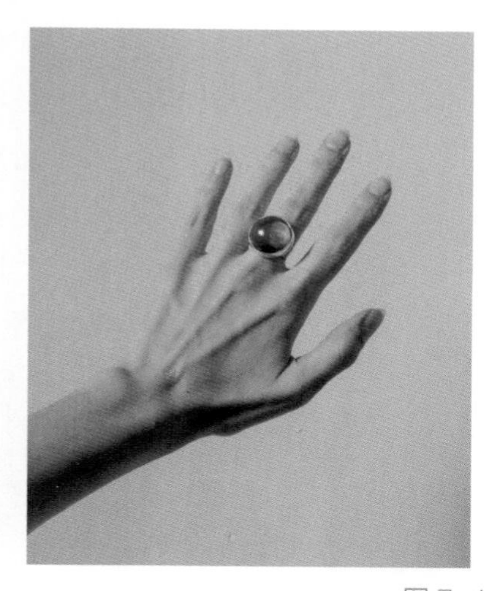

图 7-4　宝石戒指

2. 耐久性

一般消费品随着使用时间的推移，会逐渐失去使用价值或利用价值，某些商品哪怕不去用它，也会无形损耗或腐烂、变质，而珠宝首饰可以长久储存，即使表面磨损或污脏，只要科学清洗就可基本恢复原貌，甚至可以重新加工成新物品。这或许是人们热衷于购置或收藏此类物品的最大理由。

3. 兼具艺术性与文化性

随着社会的发展，人们越来越关注珠宝首饰产品所具有的艺术与文化价值，并借以提升个人文化生活品位（图 7-5）。一件好的珠宝首饰作品，既蕴含着设计师的匠心独运，也包含着制作者精美的技艺，使得原本质朴的物品变得灵动，富有生气，且与佩戴者相得益彰，平添了无穷的魅力，很容易使得佩戴者成为人们目光关注的焦点。不同民族、不同地域的人们所佩戴的饰品在一定程度上也代表着该民族、地域特有的文化，而不同时期的饰品也印证着该时期人们所爱好与追求的精神价值。因此，珠宝首饰具有其他物品无法替代的精神内涵与文化价值。

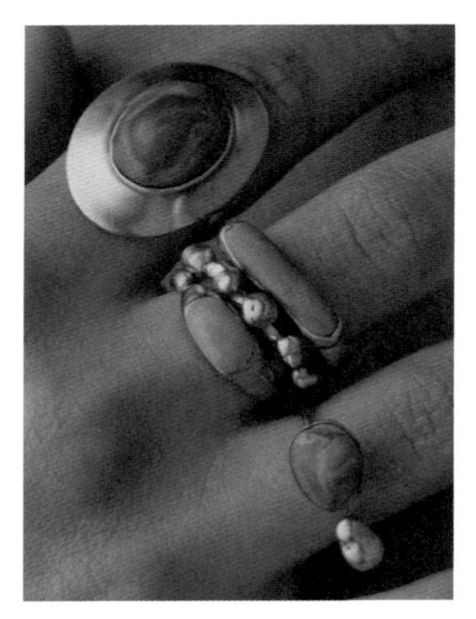

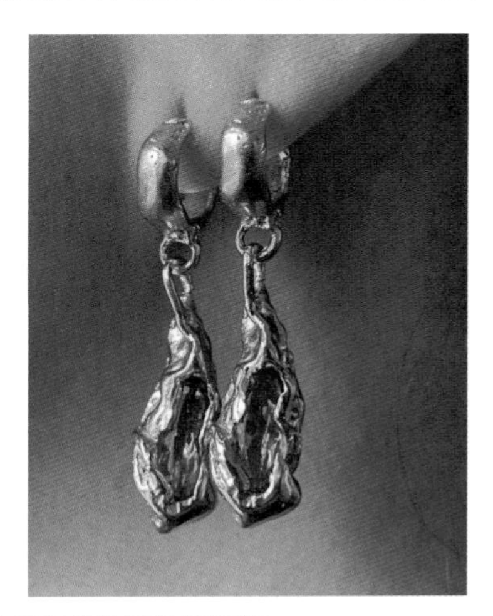

图 7-5　具有艺术性与文化性的珠宝首饰

4. 具有承传的秉性与纪念意义

在我国，在婚嫁、生子或其他有特殊意义的日子里，长辈常常会将其珍藏多年或代代相传的首饰交给小辈。比如长命锁，也被称为“长命缕”，也有叫“续命缕”“延年缕”“五色缕”“辟兵缯”“朱索”“百索”等名称的。长命锁是我国的一种传统，大多是金属做的饰物，呈古锁的样子，只要挂上这种饰物，就能帮小孩祛灾去邪，无灾无祸，平安长大。长命锁一般都用金、银或宝玉来制作，锁上刻有“长命富贵”“福寿万年”“长命百岁”“玉堂富贵”等吉祥祝语。这就说明了珠宝首饰具有可承传的特性，也是纪念某一特殊日子、事件的证物。作为文物的那些古代首饰更是体现了一定的历史价值。因此，这些物品也就具有了一定的收藏价值、纪念价值乃至考古价值（图 7-6）。

图 7-6　长命锁

5. 属于非必需品，需求弹性大

购买高档的珠宝首饰需要具备一定的经济实力，但它与住房不同。人们在财力紧张的情形下，为了安居，会采取向银行贷款或向他人借钱等手段去购买房子，但很少有人会举债购买珠宝首饰，当然，畸形消费除外。哪怕人们不缺钱，也不见得非得要买珠宝首饰。因此，珠宝首饰商家很难掌控消费者。

6. 高风险性

由于普通消费者普遍缺乏基本的珠宝玉石知识与鉴别能力，且此类物品往往价值不菲，若无专业人员指导，很容易上当受骗，或错失投资良机，因此，消费者的购买压力较其他商品要大得多。由此看来，购置珠宝首饰商品也是一项高风险的消费行为。

二、珠宝首饰品牌营销基本环节

珠宝首饰行业一直都是一个高利润、高档次的行业，随着消费者对珠宝首饰需求的不断增长，珠宝首饰品牌之间的竞争也越来越激烈。要想在这个竞争激烈的市场中脱颖而出，珠宝首饰品牌需要进行有效的营销推广，提高品牌知名度和影响力，吸引更多的消费者。下面从品牌定位、品牌传播、品牌销售等方面，探讨珠宝首饰品牌营销推广的策略。在这个过程中，经营者必须周密规划，严格按步骤实施，才能最大限度地避免经营过程中的风险。

1. 品牌店面所处市场商圈调研

商圈通常分为八种：住宅区、商业区、金融区、办公区、文教区、工业区、娱乐区、综合区。鉴于珠宝首饰商品的特征及营销特点，商圈是否能为珠宝店的发展提供好的环境，取决于很多因素，在选择店址的时候要考虑以下几方面的因素。

（1）商圈内人口环境。居民聚居区、人口比较集中的地方是适宜设置店面的地方，目标店方圆 3km 区域内应有 10 万 ~ 30 万人口。

（2）商圈内的交通。行人上车、下车最多的车站，或者主要车站附近是开设珠宝店的有利位置。同时，应尽可能考虑店面附近是否有充足的停车位。

（3）商圈内的人流量。人多的地方不一定就是开店的好地方，选址时应更多地注重分析客流规律：首先要了解日常行人的年龄和性别，其次要了解行人来往的高峰时段和低峰时段，再次要了解行人的通行目的及停留时间。比如客流量大的商业街、大型商场和高级饭店等地方，人们逗留的时间较长，可以考虑在此类地方开设珠宝店。机场、码头、火车站、汽车站附近，虽然人流量大，但是人们无心也无暇购买珠宝首饰，所以此类地方一般不适合开珠宝店。

（4）商圈内的同业状况。珠宝首饰商户如厂商、代理商、批发商等，往往会聚集在一个可以进行批零兼营的专业卖场，主要包括珠宝批发市场、珠宝交易中心、珠宝商城、珠宝街。进驻专业市场意味着同在一个商圈内，同业之间既是竞争对手，也可以优势互补，形成规模效应。珠宝店相对集中，彼此之间可以相互影响、相互促进，从而形成一定的购买氛围（表7-2）。

表7-2　我国内地较大规模的珠宝专业市场名录

省(市、区)	专业市场名称
山东	中国宝石城 国际金玉珠宝交易中心 莱州黄金珠宝城 招远黄金珠宝首饰交易中心
江苏	渭塘珍珠交易中心 江苏东海水晶城
浙江	诸暨珍珠交易中心
北京	国际珠宝交易中心 万特黄金珠宝名表交易中心
上海	上海国际品牌珠宝中心
云南	瑞丽大型翡翠珠宝交易市场
四会	天光墟玉器市场
深圳	深圳黄金大厦 深圳中港珠宝交易中心
东莞	金泉珠宝批发商城
广州	珠宝玉器市场(广州荔湾广场) 华林珠宝玉器城 花都国际金银珠宝城 番禺珠宝街

例如，路易威登集团将其全球首间钟表、珠宝专卖店设在我国香港赫赫有名的半岛酒店，其管理者直言在半岛酒店周围聚集了多家名贵的珠宝店，选址在此更能突显其品牌在珠宝界的地位。对商圈内的同类企业也应做细致的考察分析，如店面名称、位置、经营历史、营业面积、商品构成、主力品牌及品种、价格结构、售卖形式、装修风格、服务特色、广告宣传、促销形式、消费群体、店内设施等。

（5）商圈的发展前景。商圈的发展对珠宝店的营运非常重要，所以一定要了解并调查商圈的现状，更要用长远发展的眼光看待问题，对商圈的发展性进行评估。如城市对这一地区的发展规划、交通状况进一步改善的可能性等方面，都需要进行深入的调查。

2. 品牌传播

品牌传播是珠宝首饰品牌营销推广的重要环节。品牌传播的目标是通过多种渠道将品牌的形象和价值传递给目标客户群体。珠宝首饰品牌可以通过广告、促销、网络营销等多种方式来提高品牌的知名度和美誉度。例如，在杂志上发布广告，通过社交媒体平台发布品牌信息和活动资讯，向消费者传递品牌的形象和信息；通过举办设计大赛、参展等活动，提高品牌的知名度和影响力。

展会展销是实现信息交流、业务洽谈、品牌展示的宣传窗口与商务平台。我国珠宝展会主要由中国珠宝玉石首饰行业协会主办，包括深圳国际珠宝展、北京（中国）国际珠宝展、上海国际珠宝首饰展览会、中国（武汉）国际珠宝玉石展览会；国际珠宝展主要包括法国珠宝展、英国珠宝展、意大利珠宝展、泰国珠宝展、中国香港珠宝展等。

参加展会展销有利于展示宣传品牌。珠宝首饰展会是企业展示形象与交流信息的平台，通过参加行业展会可以快速提高企业在行业中的影响力。多参加珠宝展会可以获得大量的行业信息，结识行业人士，不仅容易得到行业资源，更利于品牌招商。

3. 品牌销售

品牌销售是珠宝首饰品牌营销推广的关键环节。在品牌销售中，珠宝首饰品牌可以通过专卖店、百货商店、网上商城等多种渠道销售品牌产品。在专卖店和百货商店中，珠宝首饰品牌需要注重店内环境的营造，创造高端、典雅的购物环境，吸引消费者的注意力；在网上商城中，珠宝首饰品牌需要注重消费者的购物体验，提供详细的珠宝信息，方便消费者进行比较和选择。

4. 品牌维护

品牌维护是珠宝首饰品牌营销推广的重要保障。在品牌维护中，需要保护品牌的合法权益和知识产权，确保品牌的形象和价值不受损害。珠宝首饰品牌需要关注假冒伪劣产品的出现，采取有效措施进行维权；同时，还需要注重品牌的持续创新和发展，不断推出符合市场需求和消费者口味的新产品和服务，提高品牌的竞争力和影响力。此外，珠宝首饰品牌还需要关注消费者的反馈和需求，及时调整产品和服务，提高消费者的满意度和忠诚度。

综上所述，珠宝首饰品牌营销推广需要从品牌定位、品牌传播、品牌销售、品牌维护等方面入手，建立完整的品牌营销推广模式。珠宝首饰品牌需要注重品牌的定位和传播，不断推出新产品和服务，提高品牌的竞争力和影响力，吸引更多的消费者，同时，还需要注重销售渠道的拓展和维护，提高品牌的销售量和销售额，实现品牌的长期稳定发展。

三、珠宝首饰包装及产品创新

华丽炫目的珠宝是永恒的艺术品，传递着一种永不凋谢的优雅和魅力。随着社会的不断进步和消费者对个性化产品的需求增加，珠宝首饰设计也在不断演变和创新。珠宝首饰的包装精致度及产品创新也逐渐成为影响消费者购买的因素，同时也是品牌宣传和推广的重要手段之一。

1. 珠宝首饰包装设计

包装设计不仅是为了保护和储存产品，更重要的是传递产品的独特性和价值。优秀的包装设计可以塑造品牌形象，提升产品的市场竞争力。珠宝首饰包装设计需要考虑多个方面，包括产品的材质、形状、颜色，以及包装盒的设计和制作工艺等。

（1）包装盒要适合珠宝首饰的尺寸。包装盒的尺寸一定要适合珠宝首饰的大小，这样包装后的珠宝首饰才会显得美观、大方。如果包装盒太小，就无法将珠宝首饰全部装起来；而包装盒太大，又会因珠宝首饰太小而出现不必要的损伤（图 7-7）。

图 7-7　珠宝首饰包装

（2）珠宝首饰包装材质的选择。珠宝首饰包装材质的选择是包装设计中的重要环节之一。常见的珠宝首饰包装材质包括木材（图 7-8）、纸张（图 7-9）、布料（图 7-10）、皮革（图 7-11）、塑料等。不同的材质具有不同的特点：木材可以让包装盒显得更加高档和有质感，纸张可以提供更多的创意和设计空间，布料和皮革则可以增加产品的柔软性和舒适感。此外，环保材料也越来越受重视，选择可回收和可降解材料有助于减少对环境的负面影响。

图 7-8　木材包装盒

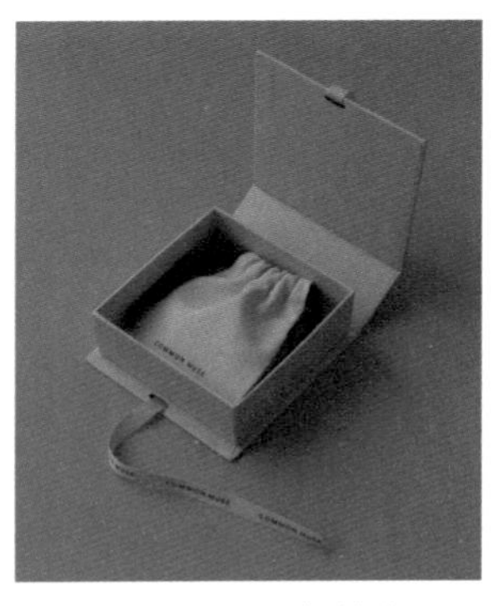
图 7-9　纸张包装盒

（3）珠宝首饰包装设计的创意和细节。好的珠宝首饰包装设计需要注重创意和细节，以吸引消费者的眼球和购买欲。创意包括形状、图案、花纹等方面的设计，可以通过与产品本身的特点相呼应或对比，营造出独特的视觉效果（图 7-12、图 7-13）。同时，细节方面的设计也是至关重要的，比如包装盒内部的绒布饰面（图 7-14），可以给珠宝首饰提供更好的保护和展示效果，而精致的包装细节，如丝带、标签等，可以为消费者带来愉悦的开启体验（图 7-15）。

图 7-10　布料包装

图 7-11　皮革包装盒

总之，珠宝首饰包装设计是一门综合性的学科，它不仅需要考虑产品的功能性和实用性，更需要体现产品的美感和品牌价值。好的珠宝首饰包装设计可以让产品与众不同，给消费者留下深刻的印象，从而提升产品的市场竞争力。珠宝首饰包装设计是一项兼具艺术性和商业性的工作，需要设计师具备丰富的创意和设计技巧，才能创造出令人满意的包装设计作品。

图 7-12　创意包装盒

图 7-13　包装盒及丝带

图 7-14　绒布饰面的包装盒及戒指

图 7-15　包装盒及标签

2. 珠宝首饰产品创新

珠宝首饰产品创新是采取一种新的方法设计或生产一种新的产品。其中，产品创新包括新的产品概念的引入；如何从潜在客户的心理细分中找到能引起共鸣的深层次心理需求；新的产品设计元素的提取；如何从传统文化、时尚潮流、民族风情、成长经历等日常生活各个方面提取表现元素；新的款式开发；通过产品概念的共同表现元素的组合搭配，包括图案搭配、颜色搭配、材质搭配，甚至服饰、场景的搭配和组合构成新的产品和产品系列。蒂芙尼作为著名的奢侈品牌，以其独特的蓝色色调和经典的设计风格而著称。在创新方面，近年蒂芙尼推出了数字化珠宝系列，以迎合年轻人对数字化生活的需求。比如蒂芙尼的银色数字化珠宝系列就采用了 3D 打印技术，将珠宝首饰的设计数字化，让年轻人可以轻松地自定义自己的珠宝首饰（图 7-16）。

图 7-16　蒂芙尼 3D 打印戒指

这里提到的产品是广义产品的整体概念，包含核心产品、有形产品和附加产品三个层次。从产品的整体概念的角度来看，目前国内珠宝首饰产业的产品设计的概念大多数停留在美工设计阶段，更好一点的是艺术设计的阶段，离整体产品的设计理念还有相当的距离。也就是这种理念的差距使得当下国内珠宝首饰企业难以产生原创性的设计突破，还处于向世界先进同行学习的阶段，也使得目前国内珠宝首饰企业还难以产生像卡地亚和蒂芙尼这样领导世界潮流的品牌。珠宝首饰产业市场的开拓创新，可按照营销学将市场营销的活动归纳为 4P，也就是常说的产品（Product）、定价（Price）、渠道（Place）、促销（Promotion）。这四个维度中的任何一个改变或四个维度的组合的改变都可能是一种创新。按照这样的推理，应该说珠宝首饰产业的市场创新是无穷的。因为这些方面的创新直接关系到企业的利益、生存和发展，因此企业有很强的创新动力。我们也确确实实在展会上和广告中看到很多珠宝首饰企业都在努力展现一些与众不同的东西。尽管在国内市场上不断推出各种概念的产品和营销手段，但是由于缺少高端的综合人才和文化底蕴，很少有创新的设计理念和系统的营销战略，大部分还是处于学习和模仿阶段。目前国内的珠宝首饰产品步入了文化创新的行列，文化创意丰富了产品的内涵，也为产品带来更多的认知基础与附加价值，更成为影响消费决策的关键因素。而珠宝首饰行业是文化创意产业的一部分，它既是情感传递的载体，也承载了消费者对传统文化的认可与追求。随着中国传统文化频频出圈，“国潮”已成为一种时尚，尤其是年轻人更愿意为中华传统文化买单。中国传统文化符号自古就容易激发国人强烈的民族和文化认同感，激起大众的民族自豪感，也让大众感受到了文化自信。

于是，当个性张扬的新生代消费者逐渐占据了黄金饰品消费主流，最先尝到文创产品甜头的博物馆顺势推出了各具特色的文创饰品，强势进入珠宝首饰行业参与竞争。以故宫为代表的文创黄金饰品自 2019 年开始广泛流行。小到耳钉，大到项链，故宫系列文创黄金饰品不仅将宫殿、如意、瑞兽等诸多故宫元素融入首饰中，还采用了镂胎、锤揲、花丝、錾刻、镶嵌、修金等工艺手法（图 7-17、图 7-18）。每件产品都蕴含传统文化中的美好寓意，并辅以精致工艺。一些黄金珠宝品牌频频与知名品牌进行跨界合作和联名，在积累中把传统文化场景化、可视化。这使得年轻人在追逐时尚的同时，对传统文化和艺术有了新的理解，让文化“活起来”，又能“留下来”。珠宝首饰设计师们开始探索中国传统文化与文化创意的融合，并将其融入黄金首饰的设计和营销中。

储粹宫（ChuCui）也是新中式珠宝的代表品牌，它将东方的诗画意融于珠宝设计之中，打造出一系列颇具东方风韵的艺术品珠宝，将风雅东方的诗意繁华以微型画卷刻于珠宝首饰上（图 7-19）。

图 7-17　故宫文创黄金饰品

图 7-18　镶嵌工艺文创饰品

图 7-19　储粹宫珠宝首饰

参考文献

[1] 黄晓望，陈怡 . 珠宝首饰工艺 [M]. 武汉：中国地质大学出版社，2016.

[2] 范陆薇，林斌 . 珠宝首饰营销实务 [M]. 武汉：中国地质大学出版社，2014.

[3] 沈国强，陈海燕，孙谷藏 . 珠宝首饰设计 [M]. 武汉：中国地质大学出版社，2016.

[4] 施徐华 . 珠宝首饰展示设计 [M]. 武汉：中国地质大学出版社，2016.

[5] 郭新 . 珠宝首饰设计 [M]. 上海：上海人民美术出版社，2014.

[6] 任进 . 珠宝首饰设计 [M]. 北京：海洋出版社，1998.

[7] 伊丽莎白・高尔顿著 . 时尚珠宝设计 [M]. 袁燕，刘冰冰，傅点译 . 北京：中国纺织出版社，2019.

[8] 吴冕，刘骁 . 首饰设计与创意方法 [M]. 北京：人民邮电出版社，2022.

[9] 郑静，邬烈炎 . 现代首饰艺术 [M]. 南京：江苏美术出版社，2002.

[10] 石青 . 首饰的故事 [M]. 天津：百花文艺出版社，2003.

[11] 邹宁馨、伏永和、高伟 . 现代首饰工艺与设计 [M]. 北京：中国纺织出版社，2005.

[12] 任进 . 首饰设计基础 [M]. 北京：中国地质大学出版社，2004.

[13]《北京文物鉴赏》编委会 . 明清金银首饰 [M]. 北京：北京美术摄影出版社，2005.

[14] 黄能馥，陈娟娟 . 中华历代服饰艺术 [M]. 北京：中国旅游出版社，1999.

[15] 孙嘉英 . 首饰艺术 [M]. 沈阳：辽宁美术出版社，2006.

[16] 谢琴 . 服饰配件设计与应用 [M]. 北京：中国纺织出版社，2019.

[17] 张晓燕 . 首饰艺术设计 .2 版 [M]. 北京：中国纺织出版社，2017.

[18] 庄冬冬 . 首饰设计 [M]. 北京：中国纺织出版社，2017.